叢書 現代社会のフロンティア 18

# 環境問題の知識社会学

## 歪められた「常識」の克服

Kaneko Isamu
金子 勇 著

ミネルヴァ書房

# はじめに

本書では、自然科学分野の二酸化炭素地球温暖化論と自然再生エネルギー論を取り上げて、その意味世界の多様性を知識社会学の手法で読み解くことを目的にする。これまでの社会学では与件とされていた環境分野を詳論するのは、いくつかの疑問がある環境政策が二〇年以上も実施され、国民の習慣や慣習や生活様式の強制的変更が進められてきたからである。環境政策理念の幅広い論議が省略され、その効果も不明なままに、個別政策遂行のみがマスコミ経由で繰り返し賞賛される構造は、学術的にも社会システムにとっても健全とはいえない。

一般的にいえば、社会科学でも自然科学でも成果として獲得された学術知識は、その創生（generation）、伝達（transmission）、利用（use）の三点での適切な扱いが望ましい。なぜなら、厳密な社会調査や実験で得られた結果を解析して創造された知識ではあっても、専門雑誌やマスメディアを経由して広く社会全般に伝達される際に歪められる場合があるからである。そしてその歪んだ知識を基にして政治家が政策決定し、行政による膨大な予算に裏づけられた政策遂行によって、国民生活や産業活動に誤った影響を及ぼしてしまう。私はそのことを、ライフワークとしてきた「少子化する高齢社会」の研究のうち、とりわけ少子化対策で痛感してきた。学術の心構えとしても、科学的知識の創生、伝達、利用という三点の重要性をかみしめておきたい。

特に自然科学系の二酸化炭素地球温暖化論には、二〇〇九年一一月と二〇一一年一一月に発覚したクライメートゲート事件が証明したように、伝達や利用以前に知識の創生段階から捏造疑惑がある。その事実が明瞭になっても日本では無視され、マスコミの意図的操作によって誤った内容が社会全体に伝達され続けた。それを政治家が受け入れ、環境省を筆頭とした省庁が政策の柱にしてきた。

クライメートゲート事件に触れないまま行われてきた政府主導の「誤作為」の結果、日本の二酸化炭素地球温暖化論では将来への絶望論と仮定法が組み合わされ、予防原則が適用され、何の成果も得られない「低炭素社会」づくりのような「誤作為」が持続可能になっている。毎年一兆円、二〇〇八年からは四兆円以上もつぎ込みながら政策効果には乏しく、知識の創生面でも伝達面でも利用面でも二酸化炭素地球温暖化論の根源的疑問は氷解しないままである。

環境省が二酸化炭素地球温暖化論に熱心になればなるほど、それ以外の環境対策は手薄になり、二〇一一年三月一一日に発生した東日本大震災（以下、「三・一一」と略称）による福島原発人災による放射能汚染という環境災害に環境省は全く無力であった。

空気中に〇・〇三％しか存在しない無色無臭の二酸化炭素は、はたして本当に悪玉なのか。私が危惧するのは、「二酸化炭素の作用についての科学的追究はさておき、脱炭素社会は生き方の問題だ」と強弁して二酸化炭素地球温暖化の危険のみを論じる姿勢の背後に、潜在的逆機能としての二酸化炭素以外の環境問題要因への対応が後回しにされ、大気汚染が進み、アジアからの越境汚染も激しくなって、日本の各地で環境破壊や自然災害が深刻になったという点にある。加えて、温暖化論争に科学的な決着がつかないまま地球寒冷化が訪れて、食料危機が慢性化することへの不安もある。

その一方で、福島原発人災のような放射能汚染の危険性がないという理由だけで、数十年先の自然再生エネルギーの可能性に期待する楽観的議論が盛んになり、「脱・廃・卒原発」がいわれる。東日本大震災による福島原発人災を受けて、被爆、被曝、被ばく、ヒバクを意図的に混用した紙面づくりが始まり、伝達面での「誤作為」が国民を覆いつくそうとしている。その結果、この数十年間、社会システムに安定した質と量の電力を供給してきた水力七%、火力六七%、原子力二五%、自然再生エネルギー（地熱、風力、太陽光、潮力発電その他）一%の発電構造の変質に向けて、各方面での動きが活発になった。

短期的に原子力発電をゼロにするのは可能だが、希望的な仮定法を駆使しても、一〇年後はおろか二〇年後でさえ風力発電や太陽光発電が原発分を代替するとは思われない。それらは安定した電力品質と発電量に欠陥があるからである。

日本でも世界でも近代化、産業化、都市化、情報化、国際化対応を支えたのは基本エネルギーとしての電力であり、電力の品質と発電量の安定性こそが社会システムの要になってきた。ただし発電源は、外国の模倣ではなく国土構造と適用可能資源の状態に合わせるしかなく、この判断基準は安価で安定した品質の発電がどこまで国民に保証できるかにある。

論壇で流通する電力エネルギー論に踏み込んでいくと、想定外の大地震・大津波が引き起こした想定外の福島原発人災の批判者の大半は、想定外の台風などの自然災害にもろい風力発電タワーや太陽光パネルや洋上発電については讃歌のみこそあれ、その危険性には沈黙する傾向をもつことに気がつく。台風で風車のプロペラは折れないか、太陽光パネルは吹き飛ばされないか。想定外の津波で洋上発電施設は破壊されて陸上に押し寄せないか。これらの被害復旧にどの程度の費用が掛かるのか。発電の前提として、風力発電や太陽光発電施設に必要な土地面積とその取得費用はいくらか。これらまで考慮した論者はいない。

日本の風土に必然的な台風被害は、電力需要が高まる七月から九月末までに集中する。台風は集中豪雨と強風を伴い、上陸前後の一週間はその地域全体の自然再生エネルギー施設からの発電量をゼロとする公算が大きい。また冬季の北国では暴風雪による被害も想定され、これらを無視した讃歌は科学的精神には合致しない。

四〇年近く私は、多くの異なる対象に思惟を分散させずに、局限したテーマの考察に全力を尽くすという科学的原則に沿って、産業化、都市化、高齢化、少子化という社会変動に関連した社会現象の研究を行ってきた。立場の違いを認め合う中で、概念の差異が知を前進させて、具体的事実の発掘を促進し、最終的には新しい知を生みだすことを経験した。そして、自然環境を与件とした高齢化や少子化などの社会現象と社会的事実の分析と普遍的定式化もまた、時代性と社会性を帯びることは知識社会学が教える通りであった。

本書でも、二酸化炭素地球温暖化と自然再生エネルギーを対象として、方法的には社会学の経験を活かした観察と比較により得られた成果から、社会科学と同じく自然科学の環境問題の認識でもやはり時代性と社会性を帯びることが分かった。

長い伝統をもつ環境社会学からの展開というよりは、社会学からの根源的な問いを含んで問題を提起した環境論にすぎないが、六年がかりの執筆に際して座右の銘としたのはゲーテの言葉、すなわち「真理というものはたえず反復して取り上げられねばならない……。誤謬が、私たちのまわりで、たえず語られている」(エッカーマン・山下肇訳『ゲーテとの対話』(中)岩波書店、四五頁)である。

出版に関しては、ミネルヴァ書房杉田啓三社長に特段のご配慮をいただいた。また編集実務では、これまでと同じく担当していただいた編集部の田引勝二氏から多大の援助を得た。お二人のご好意に心からお礼を申し上げる次第である。

二〇一一年一一月一一日

金子　勇

# 環境問題の知識社会学——歪められた「常識」の克服　目次

はじめに

## 第3章　懐疑派から見た二酸化炭素地球温暖化論

# 第1章　社会学の環境論

## 1　環境の社会学的理解

**環境は新しい日本語**

一九四四年に、新明正道がほとんど独力で『社会学辞典』（1944=2009）を刊行した際に、「環境」を独立させ、詳しい解説をしていたことは評価してよい[1]。そこでは自然環境に限定して使うこと、自然環境は社会の形成、とりわけその生活様式、経済的活動、政治的気象（政治文化）、宗教、芸術などに影響を及ぼすことが明記されている。加えて、社会は自然環境に受動的に適応するだけではなく、積極的な適応を営むとされ、それこそが行為的創造性を本質とするとみられている（新明 2009：87-89）。

新明版から一四年後、当時の学界の総力を挙げて編集された福武・日高・高橋（1958）では、自然環境と社会環境に大別されて、後者は「人間の行動様式を直接規制する慣習・伝統・制度・規範すべての文化遺産」とされた。

**人間の周囲についての総称**

本来、環境は人間の周囲についての総称である。現在の日本語辞典ではそれが忠実に踏襲されている。『大言海』（1982）では合本新編になって初めて「メグリ、カコム境域。人ハ、環境に支配セラル」と記された。その後はこの系統が続き、『日本語大辞典』（1989）でも「広く生物が生活する場の周囲の状態」とされる。『漢語林』（1992）でさえも「四方を囲まれた区域、周囲の状況、事物」とした。

『広辞苑』第四版（1991）になると、「めぐり囲む区域。四囲の外界。周囲の事物。特に人間または生物をとりまき、それと相互作用を及ぼし合うものとして見た外界」となり、「相互作用」の部分が詳しくなった。同じく『大辞泉』（2007）でも「まわりを取り巻く周囲の状態や世界。人間あるいは生物を取り囲み、相互に関係し合って直接・間接に影響を与える外界」と書かれており、最近の傾向としては人間に影響する単なる外界を超えて、人間からの影響もあること、すなわち相互作用の側面が日本語辞典の記述内容の推移によっても分かるようになった。

外国語でも同じ事情のようであり、英語の surrounding も environment も、フランス語の milieu や environment でも、その原意は人間や動植物や諸事物などを取り囲む自然状態（nature）にあった。人間が介在しない自然状態（non-human natural conditions）と境域としての環境（Sutton 2007：1）は、家庭環境はもとより農村環境、都市環境、医療環境、福祉環境、教育環境なども含めて、取り囲む側の区域、土地、空間などを意味する。しかし環境は自然の中に人間や動植物や諸事物などが存在する状態なのであるから、環境と人間の双方向からそれぞれに影響が及ぶことは当然という意味で、相互作用への配慮が日常化する。

**パーソンズの living system**

その意味で、晩年の講義録で'living system'（生活システム）に到達したパーソンズに、「生活システムは、まず何よりも、環境と持続的に相互交換を行っている『開かれたシステム』」(Parsons 1984：5) があるのは全く自然である。

これは同じ時期の「物的世界は、明らかに人間の条件の一部であり、それは、有機体でもあり行為者でもある人間の環境の、本質的な構成要素となっている」(Parsons 1978=2002：61) でも明らかである。「物的世界は、地球上のすべての生命システムが依存する一般化された資源の究極的基盤であり、それは、すべての生命システムの機能作用の究極的条件となっている」(同右：67)。'living system' が持つ意味として、人間が環境と相互作用をするという認識が、パーソンズ自らの社会システム論に追加された[2]。

### 環境通史

ヨーロッパの環境史研究の立場からは、環境とは、「人間と社会の物理的・地形的条件、環境、生活条件を形づくる、複雑な関係で絡みあったさまざまの要素の全体である」(Delort & Walter 2001=2007：18) と定義されている。そして、紀元前からの環境通史を試みながら、最終的に「脅かされた地球」と銘打った最終章では、(1)長期間にわたって環境の主要な要因がどのように変化してきたか、(2)それらの人間社会との絶えまない相互作用がどのように展開してきたか、(3)自然が人間に提供する諸現象が時間の流れの中でどのように認識され、説明されてきたか、(4)その時代の科学的議論についてもはっきりのべなければならない、とまとめられた(同右：277)。本書でも(3)を中心にして環境について論じていく。

さて、環境論のうち二酸化炭素地球温暖化の文献を学ぶにつれて、「行く先の港のない船にはどんな風も役に立たない」(Montaigne 1580=1966：239) という言葉が思い起こされてくる。一方では、ＩＰＣＣが描く方向に忠実な研究者がいて、他方にはその予測内容に根源的な疑問を投げかける懐疑派研究者もいる。この分野に関心をもち参入したばかりの私は、モンテーニュがいう「問題をさまざまな角度から論ずることは、同一の角度から論ずるのと同じように、いや、それ以上に結構なことである。つまり、より豊富に、より有益に論ずるからである」（同右：365）を手がかりにして、この六年ほど地球温暖化論についての知識社会学を心がけてきた。

確かに「作り出された危険は社会自体が克服してゆかねばならない」（MacIver 1917=1975：430）が、社会学は地球環境変動の直接的研究力を持ち合わせていないので、その言説をめぐる際に登場した環境政策をめぐる二重規範、意図せざる効果、潜在的逆機能などについて一連の考察を加えてきた（金子 2009a）。そして、様々な角度から問いの移動を実践してみた。

### 環境と生活

さて、テキストレベルの社会学で環境論を理論化する試みは一九六〇年代まで行われていた[3]。その年代までかなり読まれたマッキーバーとページの社会学テキストには、「環境と生活」が独立させてある（MacIver & Page 1974）。そこでの環境は「私たちの周囲にあり取り囲むものすべて」（*ibid.*：73）であり、『生活と環境との関係は大変密接である』（*ibid.*：73）。また、環境は多種多様なものであり、社会学的には「私たちの環境は正真正銘の意味で習慣である」（*ibid.*：74）とされた。

### 有機体にとって有意味な諸事物の体系

六〇年前に清水幾太郎もデューイを論じつつ、独自の環境論に到達していた。そこでの環境は「有機体にとって有意味な諸事物の体系」（清水 1950：177）と見られ、人間行動と環境との間には一種の均衡が仮定されている。そこには「人間は individual として生れ、学習を通じて personality になる」（同右：183，旧漢字は新漢字に金子が変更、以下同じ）という有名なテーゼがあり、主として家族を含む社会環境から多くの習慣を学ぶことにより、不完全で無力な状態にあった幼児期から次第に自己完成に進むことがのべられている。人間と環境間には固定関係というよりもそれぞれ時期に応じた流動的関係があり、それに応じた意味と価値を個人が持つようになる。

環境論に向けた清水の個性は、人間を「習慣の束」(bundles of habits) とするところにもある (同右：189)。習慣の多くは固定的であり、自動的でもあるが、本能ではなく学習成果なので、人間の内発性によっても社会環境の圧力 (外発性) に呼応する形でも、それまでの習慣の破壊と新しい形成は可能である。「人間は習慣の獲得のみによってでなく、また習慣の破壊によって生活の維持を図ることが出来る」(同右：195)。

**習慣と慣習**　ところで、習慣 (habit) とは別に慣習 (custom) を用意すると、人間と環境との間にはどのような関連が読み取れるようになるか。多くの辞典で前者は個人的次元で多く用いられ、後者は集合体次元での使用が多いとされる。ここでもそれを踏襲して、習慣は個人レベルの概念とみる。

これにたいして慣習は、複数の個人が、長期にわたり、広い範囲で関わる普通に見られる行動様式だとされる。すなわち慣習を、多くの人々 (most people) が、広大な領域 (large area) で、長期にわたって (many years) 行ってきた伝統的行動様式だと規定する。たとえばスーパーでのレジ袋利用がこれに該当する。

環境のなかに人間を位置づけることは、社会学の伝統的思考法である「社会と人間」という二項対立図式を超えて、「環境、社会、人間」という三項図式を用意することになる。

## 清水幾太郎の環境論

清水幾太郎は、「社会は人間に習慣の体系を強制するが、社会そのものにしても人間に習慣の体系を強制することによって、また人間がこの体系に忠実であることによって初めてある一定の形式において存在することを得る」（清水 1951：92）とみなした。社会学にとっては、社会も環境も人間の習慣の体系なのである。

加えて清水には、この延長線上に独自の環境論があった。そこでは、自然も人間もすべてを包み込んでいる物理的環境としての環境A、個人による説明的立場から限定される社会的歴史的環境B、生活を営む個人の行動の立場から限定される行動的環境C、未来の合理的社会計画で限定されるはずの環境Dが、それぞれ関連づけられたうえで分類されている。

## 社会環境

一般的には、文化的な制約のなかで、個人は習慣を創りあげ、全体社会では社会慣習が構成される(4)。これらを体現した人間行為の総合集積が社会システムであり、社会環境を代表する。すなわち社会環境には、個人の習慣と社会の慣習から生み出された行為パターンの側面（社会環境A）と人為的な社会的共通資本の製造、建設、維持、管理に関する側面（社会環境B）とが同居するのである（図1－1）。

現在の環境論では、法人での省エネも個人のレジ袋使用中止や節電も、そのまま二酸化炭素削減につながるという誤解が、依然として国民間では共有されたままである。しかし本格的に二酸化炭素削減を目指すには、まずは発電量の削減からになる。しかもそれに合わせた社会環境Aにおいて、個人の習慣と社会の慣習としての法人活動の省エネ転換がなければ、社会環境全体の二酸化炭素削減は難しい。

科学論として、人為的な原因である二酸化炭素濃度上昇と活発な太陽黒点活動による自然的原因とが

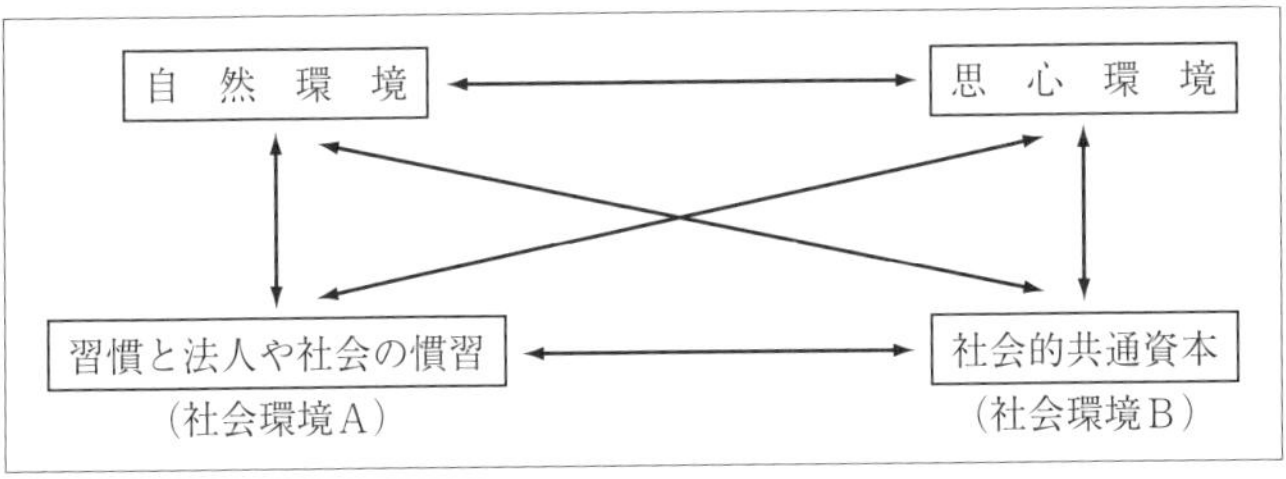


**図１－１　環境４論**

結びつき、大気温度の上昇という自然環境の変化のメカニズムが正確に判明したならば、大変望ましいであろう。なぜなら、それは思心環境を内面化した人間行為の集積である社会システム（社会環境Ａと社会環境Ｂの合成）の見直しをさせ、人間の思心環境としての考え方やライフスタイルを修正させるからである。

そして「環境は自由に使用できる便利な概念だが、今後社会科学が一層進歩していくためには、この観念を規定して、これに整理を加える必要がある」（清水 1954：113）とされた。あるいは、環境の「概念の使用一般が、それ自身としては正当であるにも拘わらず、科学の問題としては直接に得るところが鮮少なのは、それが一度に余りに多くのことを言うためであろう」（同右：116）という今日でも正確な見通しがのべられていた。環境概念にはこの包括性があり、二酸化炭素にしても太陽光や風力でもさまざまな立場からの利用が可能であるから、異論も登場しやすい。

このような事情を踏まえて、ここでは清水の環境論も活用して、一九八〇年代までの地球寒冷化論から急速に推移してきた二酸化炭素地球温暖化論の文脈を知識社会学的に理解して、その意図せざる効果を論理的に分析し、環境論の有効性向上のための考察を行ってみたい[5]。

清水の主張のうち、「結果も原因も複合体であると気づきながら、それぞれのものを要素へ分析して、関係を要素の間の関係として摑み直すという手続きをとらぬ」（同右：117-118）を考慮しつつ、「問題が粗大であり、環境が複合体であるところに、それは一方科学を超えた予想あるいは要請を前提としつつ、他方ある説得力をもって迫る秘密がある」（同右：118）などを吟味する。そうすれば、今日の過度に単純化された二酸化炭素地球温暖化論や低炭素社会論それに自然再生エネルギー論などを解明する際の準拠点が得られることにもなる。(6)

## 2 社会システムと社会的共通資本

マッキーバーとページの「環境とは習慣である」、および清水の「生活を営む個人の行動の立場から限定される行動的環境C」の両者を前提にすると、外部の自然環境と人間の内面を表す思心環境（考えたり、判断したり、行為に結びつけたり、悩んだりする心的作用）が得られる。そしてこの間に介在するのが、行為の集積として構築された社会システムを軸とした社会環境であると類型化できる。

**自然環境**

まず自然環境には、人間の暮らしや動植物に不可欠の大気、河川、山岳、森林、海洋などが含まれる。これらは人間行為の集積である社会システムの外部に位置しており、天然資源としての水、木材、食料、化石燃料、二酸化炭素、窒素、酸素、水素などの供給源になる。二酸化炭素地球温暖化論や自然再生エネルギー論が対象とする狭い意味での自然環境には、これらが含まれている。

## 基本的な疑問が解消されない

一九九〇年代から二〇一〇年までの「地球温暖化論」の暴走を見て、地球温暖化にすべての環境問題を還元して、二酸化炭素のみに原因を特定化する思考様式がもつ問題点を社会学でも取り上げて、社会のあり方と個人の生き方の接点に環境を位置づけての議論を行うことは喫緊の課題である。なぜなら、「科学は新しい発見を行うことだけで進歩するのではない。現行の考え方が間違っていることや、過去の測定にある偏りがあったことを明らかにすることによっても前進する」（Barrow 1998=2000：106）からである。

政財界やマスコミで二〇年間にわたり多数派を形成してきた二酸化炭素地球温暖化論には、「誤った考え方」が認められる。それらを論理的に分析し、「外なる限界」を構成する地球環境問題の代表事例として温暖化だけを取り上げる理由に乏しいことを明らかにする試みは、「内なる限界」としての人間のライフスタイルや習慣を関連づけなおす目的にとっても十分に社会学的な意義がある。(7) 本書の狙いもまたここにある。

たとえば「今日、私たちのすることは、かつてなかったほどの深刻な影響を、環境に与えている」（The Impact Team 1977=1983：38）。「私たちの文明は、貪欲に、思慮もなく、地球に残されている資源を、がつがつと食いつくそうとしている」（同右：50）という指摘がある。これらは「寒冷化」への危惧を表明した一九七七年のＣＩＡレポートの一部であるが、三五年後の現在では「温暖化」への危機として読む人が多いであろう。また、電力消費に象徴されるように、「歴史を通して、人類は何か必需品がたっぷりある時代には、それを安価なものとみなすのか、浪費する傾向にあった」（同右：130）ことは事実である。

温暖化に関連する自然科学系の議論は自然環境の現状に焦点を集中する。そして社会学からすれば、社会環境としての規則や伝統や制度のなかで、何よりも個人的習慣と社会的慣習こそが温暖化という自然環境に直結する内容になる。「気候や四季は、人間の習慣や活動に強力な影響力を発揮する。……ひどい暑さや寒さが、社会の発展に、マイナスの影響をあたえることは、あきらかであろう」(MacIver 1949=1957：80)。

### 劣悪化する温度測定条件

現代世界一九五のそれぞれの国で、「生活の質」(ＱＯＬ)と産業活動の維持が、貿易という形式で食料を筆頭に比較優位の天然資源の交換によって可能になっている。この人類の歴史は、エネルギーの消費とともにその節約の意義を教えてくれる。

同時に、全体として地球が暑くなっているのか、寒くなってきたのかを、科学的なデータによって決定することさえも困難な側面がある。世界各国での温度測定条件の劣悪化はすでに指摘されている(伊藤・渡辺 2008：Mosher & Fuller 2010=2010)。さらにその政治的決定ないしは学術的成果が、個人習慣や社会慣習としての環境への対応を変更させることがある。しかし、かりに理論的に不確実であれば、個人的習慣や社会的慣習を修正することは難しい。

### 習慣と慣習の枠組みからの環境論

ここでは、習慣と慣習の枠組みからの環境論を活用して、電力エネルギー問題や二酸化炭素地球温暖化論を知識社会学的に解明して、その意図せざる効果を明らかにしてみよう。なぜなら、この試みこそが、今日の過度に単純化された風力発電への讃歌や二酸化炭素温暖化説を解明する際の基盤になるからである。その意味で、「脱・廃・反原発」の主張と風力発電や太陽光発電への過大な期待表明は、今のところは現実的な習慣と慣習の変更を引き起こす結果をもたらしえない。二〇年先や一〇〇年先の希望的観測だけでは人間は動かないのである[8]。

レジ袋廃止の代わりのエコバッグが見える形で業者から提供されたため、削減効果はともかく二酸化炭素排出規制の一環として、レジ袋使用控えや古紙リサイクルをはじめとする各種資源リサイクル運動が、この数年間全国的に展開されてきた。それらは地球温暖化を防止するという名目で、個人習慣や社会慣習を見直させる社会実践の意義をもち、自然環境変化への社会環境対応の形態として存在した。

今日、確かに無料のレジ袋は廃止されたが、その行為による総合的な二酸化炭素削減がどこまで地球温暖化傾向を防いだかは未知数のままである。最新のデータとして、二〇〇六年の環境省推計による総保有台数七四〇〇万台のうち営業車を除いた自家用車からの排出量合計は、実に年間一億二四四六万トンであったから、レジ袋廃止による数百トンの二酸化炭素削減は統計的には誤差の域をでない。

この事実から、人間習慣の一部である買い物におけるレジ袋控えは思心環境としての気持ちの面では確かに重要だが、二酸化炭素による温暖化防止にはノーカーデーのほうに軍配が上がる（宝島編集部 2008：84）。ただし、毎日のレジ袋控えはできるかもしれないが、毎日のノーカーデーは非現実的であることはまちがいない。

**地球規模的な正解の共有が不可欠**

そして、二酸化炭素削減運動が社会環境としての習慣や慣習の変更をせまるのなら、そもそも人間の外部に位置する最大の自然環境としての地球全体において、(1)二酸化炭素温暖化説は成立するのか、(2)それを証明できる論理的思考方法は何か、(3)かりに成立したら、どのような被害が人間や自然環境に起きるのか、(4)処方箋として「低炭素社会づくり」は有効か、という自然科学的疑問への地球規模的な正解の共有が不可欠になる。

だから、「もし推理の基礎となる事実が、不正確に定められたり、または誤っていたりしたならば、全部が崩壊し、全部が偽りとなるであろう」(Bernard 1865=1970：31)。不幸なことに、クライメートゲート事件により、ＩＰＣＣ主導の二酸化炭素地球温暖化論に、このベルナールの指摘は適合することが証明された(Mosher & Fuller 前掲書)。

もちろん二酸化炭素温暖化説が科学的に証明されれば、思心環境ないしは社会環境としての人間の習慣や社会の慣習を変更せざるをえなくなる。(9) なぜなら、地球環境や気象と人間活動間に想定される因果関係が、世界的に広く存在することが分かれば、社会環境の変更は社会システムの機能的要請になるからである。おそらく「生物学が、遺伝の根本的な重要性を発見するように、社会学は、環境の根本的な重要性を発見する」(MacIver 1949=1957：99)。この点で、「私たちの習慣や生活様式によって、異なった環境、その中でのある違った選択、そして一つの異なった適応を、私たち自らが創造する」(同右：74)は真理ではある。

### 物質文化としての都市装置

習慣と慣習を一方の柱とする社会環境は、ここでは社会環境Ｂとして住宅、建造物、人為性の強い道路、交通通信手段、各種機関なども含み、都市経済学では社会的共通資本(social overhead capital)とよばれてきた。近代経済学の宇沢(1977)でもマルクス経済学の宮本(1980)でも、これらについての業績が多数存在する。経済学における社会的共通資本とは、道路、港湾、鉄道、水、電力、ガス、通信、学校、病院などのインフラストラクチャーを指している(宇沢 1995：137)。

四〇年を超える社会的共通資本論における宇沢の功績は周知の事実であるが、不思議なことに、宇沢には社会的共通資本の建造や維持の際の化石燃料燃焼による廃棄物への言及は全くなかった。宇沢は、道路建設材料の天然資源である鉄、セメント、砂利、砂、コールタールなどの製造過程や運搬過程、そして工事現場で発生する膨大な二酸化炭素排出を全く無視している。ちょうどこれは、自動車製造やテレビ製造などの過程や原子力発電所の建設では、化石燃料燃焼による廃棄物が山積するにもかかわらず、議論の対象として位置づけられない地球温暖化論と同質である[10]。

二〇〇八年の段階でも、宇沢は「私が考えている社会的共通資本はまず自然。そして道、鉄道、水、電気、ガス、通信などのインフラストラクチャー。重要なのは、それらがどういうルールで運営され、どう供給されているかも含めて考えることです。第三は、教育とか医療といった制度。……これらがうまくつくられてはじめて、一つの国あるいは社会が、長期間にわたって調和のとれた経済発展を持続できる」（宇沢 2008b：106-107）とみているが、経済発展の結果として二酸化炭素排出増加への目配りに欠けたままである。

**道路建設は化石燃料の大量消費**

たとえば、国土交通省のホームページに掲載された自民党政権下の二〇〇七年度予算における財源構成によれば、八兆八六〇億円が道路への総投資額であった。社会的共通資本の筆頭である道路の建設に不可欠な鉄もコンクリートもコールタールも化石燃料とは密接であり、道路そのものが「化石燃料の大量消費」になることへの配慮が、四〇年にわたる宇沢の業績では皆無である。

また、平成の各年度でも、毎年一〇兆円もの道路事業が行われてきた（表1-1）。この社会的共通資本の代表例である道路建設に、宇沢は化石燃料の大量消費すなわち二酸化炭素排出がなかったとでもいうのだろうか。道路を走る自動車排気ガスや発電する際の火力発電所からの煤煙に象徴されるように、化石燃料使用後の二酸化炭素排出という過剰なまでの思い込みによる拘束が、宇沢には存在する。

しかし、もちろん道路建設や発電所建設さらに空港建設や学校や病院建設ですら、膨大な化石燃料を消費する。その意味では、二酸化炭素地球温暖化論を信奉する立場でも、社会的共通資本の建設や維持には二酸化炭素排出が必然化することを正確に取り込んでほしい。問いを移動させる必然性がここにもある。

**表1－1　平成時代の道路投資額（億円）**

| 年度 | 道路投資額合計 | 年度 | 道路投資額合計 |
|---|---|---|---|
| 1989 | 100,674 | 1998 | 154,066 |
| 1990 | 107,328 | 1999 | 135,002 |
| 1991 | 114,643 | 2000 | 127,686 |
| 1992 | 133,921 | 2001 | 122,942 |
| 1993 | 150,642 | 2002 | 113,460 |
| 1994 | 135,974 | 2003 | 102,471 |
| 1995 | 152,745 | 2004 | 95,459 |
| 1996 | 142,151 | 2005 | 91,144 |
| 1997 | 136,560 | 2006 | 82,449 |

（出典）　国土交通省道路局ホームページ．自民党政権時代の推移．

## 「農社」の不思議さ

加えて、宇沢の言う「農業農村」の姿は象徴的でもあり不思議でもある。そこで描かれたような、農業が化石燃料とは無縁であるような架空認識では、現代都市社会システムからまったく隔たったところで構築された数理中心の近代経済学という汚名は救えないであろう。はるか昔の村落に近い「農社」を作り、「農村を再編成して、農社の組織を中心として、持続的農業が可能となるようにすることは、地球環境の問題を解決するために重要な役割をはたす」（宇沢 1995：206）という結論は、どの国で何をイメージしているのだろうか。

同時に「農業部門では、化石燃料を使わないでも、生産活動をおこなうことができます」（同右：

187）とはいくら「小学生」（同右：はしがき）相手とはいえ、実情無視である。水田耕作、果樹生産、酪農、温室栽培などの農業活動で、今日「化石燃料を使わない生産活動」があるのか。この延長線上には、農業機械を廃絶し、手作業に切り替え、半年の雪の世界では何も生産しないというイメージしか浮かんでこない。

食料自給率が低く、農家人口が減少して、農家世帯主の高齢化が著しく目立つ日本で、「化石燃料を使わない生産活動」しか示しえないレベルでは、都市の小学生にすら疑問をもたれるはずである。ちなみに自給率一〇〇％の塩ですら化石燃料を使い、二酸化炭素を排出しなければ精製できない。

「農村を再編成して農社あるいはコモンズの組織中心とした持続的農業ができるようにすること」が「環境問題を解決するのに重要な役割を果たす」（宇沢 2008b：107）という結論では、せっかくの功績が霞んでしまう。

**エコポイントモデル事業**

社会学の環境論から宇沢の言説をみると、今後の二酸化炭素地球温暖化防止にとって、国民の「思心環境」面の変容を期待する構図が鮮明となる。自治体もまた、「エコポイントモデル事業」を立ち上げて、この下支えに熱心である。京都府は「エコポイントで家庭と企業の二酸化炭素を削減」することを目標に、この活動を継続してきた（全国知事会 2009）。「家庭における電気・ガスの省エネや太陽エネルギー利用設備の導入による二酸化炭素排出削減量に係る環境価値をカーボンクレジットとして京都の企業に販売し、その代金を原資として、家庭に対し京都の商店街での買い物や私鉄・地下鉄等の交通運賃の割引に利用できるエコ・アクション・ポイントを付与することにより、地域経済の振興を図りながら家庭や企業の環境行動を促進する」のが狙いである。

これは環境省の「エコ・アクション・ポイント」事業と連携しており、二酸化炭素排出削減努力で貯めたポイントを飲食や買い物に使えて、公共交通運賃にも充当できるという。しかし要するに、「あっちで節約したものを、こっちで使う」だけの話である。ここで二〇〇八年六月末にサッポロビールが発表したデータを活用しよう。すなわち、その試算では、三五〇mlのビール一缶の原料栽培、製造過程、配送過程、店頭販売時点までの総二酸化炭素の発生総量は二九五gだった。この数値を知っていると、せっかく貯めた「エコ・アクション・ポイント」を缶ビールには使いにくくなる。なぜなら、一ケース六缶では一七七〇gにもなるからである。

**レジ袋辞退は誤差の範囲**

かりにリッター当たり一五キロの燃費の小型車で、一キロ先のスーパーやコンビニにビール六缶を買いに出かけると、片道で一五七gの二酸化炭素が排出されるから、往復では三一四gの排出量になる。ビール関連分と合計すれば、二〇八四gの二酸化炭素排出量である。かりにレジ袋を辞退すれば二酸化炭素六gの節約にはなり、これは差し引き二〇七八gである。もちろんこれは誤差の範囲を出ない。この場合、地球全体への二酸化炭素排出量を本気で削減させるのであれば、缶ビール購入をせいぜい一缶で我慢したうえに、乗用車の利用をやめるしかないであろう。

このように、飲食物や買い物商品の製造・輸送・販売の過程には、かなりの二酸化炭素排出量が伴う。苦労してエコポイントを貯めても、それを飲食や買い物で使えば、実際には大目標の二酸化炭素排出量の削減は全く期待できない。スーパーやコンビニでのレジ袋をただでもらうという個人習慣を変え、買い物客にただであげるという社会慣習を変更しても、この程度の二酸化炭素排出節減ならば、地球環境の温暖化防止には意味を成さないのではないかという疑問を私は主張してきた（金子 2008b）。なお環境省の試算では、レジ袋一枚で六二gの二酸化炭素排出量になる。

### 環境の社会学

環境社会学（environmental sociology）ではなく、環境の社会学（sociology of environment）とした観点からの図1－2の三極構造モデルでは、習慣と慣習の束としての人間理解を進めて、個人集合としての社会システムと個人と自然環境とが行う相互作用を前提にする。この区別は日本の社会学界では意味がある。なぜなら、とりわけ環境社会学では「環境」の社会学というよりも当初から「環境問題」を取り上げてきたからである。[11] たとえば「個人の生存・生活と社会の存続の基盤となっている物質的条件の総体である環境が、生産活動や消費活動という人為的原因によって、人間にとって悪化し、個人の生存・生活や、社会の存続に対する打撃や困難やそれらの可能性がもたらされるという事態」（船橋編 2011：4）が「環境問題」とされ、この研究を環境社会学が受けもつとされた。

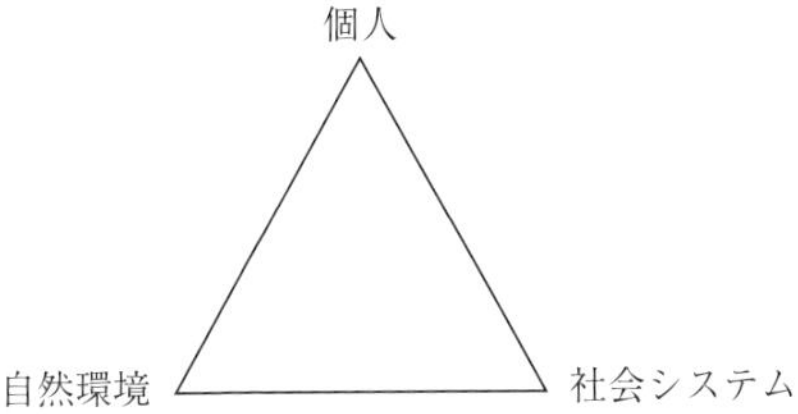


**図1－2**　個人，自然環境，社会システム

（注）社会システム（社会環境，文化環境）である.

「生産活動や消費活動という人為的原因」だけではなく、地震、津波、台風などの自然災害もまた「個人の生存・生活や、社会の存続に対する打撃や困難」を引き起こす。「三・一一」とともに福島原発の被災から始まった一連の人災は、自然災害と電力の生産活動とが合体した環境問題の様相を濃厚に示した。ただし定義にある「人間にとって悪化し」は不十分な表現である。なぜなら、「人間」は幾層にも利害がからんでいるからである。

食品公害、原子力災害、日照被害、電波受信障害、自然破壊、景観破壊などでは、「人間にとって悪化」した側面が強いが、景観破壊により日本各地で裁判が行われている風力発電においては、その主導者にとっては風力タワーの建設が正義であり、「人類の進む道」と信じられやすい[12]。

本書では、高度資本主義社会に生きる個人と社会システム、すなわち社会環境に大きな影響を及ぼしている「原発廃棄と自然再生エネルギー問題」と「二酸化炭素地球温暖化論」の現状と課題に絞って、社会学的な説明を試みる。前者は確かに「環境問題」であるが、後者はシミュレーションを通した「環境言説問題」でしかない。

しかし、その二〇年間にわたる「二酸化炭素地球温暖化言説」は、とりわけ日本では政治、行政、企業、マスコミ、大学、ＮＰＯまでも巻き込んだ「風評被害」の原因となった。この二〇年間で、二酸化炭素が物的環境基盤に鮮明で直接的な負の影響を及ぼした事実はない[13]。

クライメートゲート事件を受け止めて、正しい自然環境面での地球温暖化知識の創出面への配慮も必要だが、偏向した誤伝達が生み出した「環境言説問題」を取り上げる際の環境分析図式には、社会環境ＡＢを含めることはもちろんである。そしてその理解としては、「社会環境とは人間を取り囲む状況、環境、人間同士の相互作用を含む」（Zastrow & Kirst-Ashman 2010：28）としておこう。

## 3　環境科学知識の活用条件

**科学の機能**

環境研究だけに特定化できないが、具体的な対象が設定された人文、社会、自然の三分野を横断する科学は、一般的には次のような機能をもつ。すなわち、(1)特定の問題を教える、(2)目的と目標をはっきりさせる、(3)他の選択肢を確認して評価する、(4)行為の進路を支援する、(5)制御の規則、指針、行為を規定する、(6)観察、比較、判断により効果を評価する、などが科学の機能として歴史的にも確認されてきた。

電力エネルギー問題でいえば、(1)原子力発電が不可避的にかかえる事故による広範囲の放射能汚染の危険性を教えてくれたのは、「三・一一」以後の福島原発事故であった。同時に国民的な規模で大合唱され、政局の取引で十分な審議も行わずに特別措置法まで成立させた自然再生エネルギーのうち風力発電では、その構造による必然的な発電量の不安定性、立地した地区における生態系の破壊、立地のための膨大な土地面積の確保の業務などが、議論が進まず未解決の問題として残ったままである。

(2)については、原子力発電では狭い敷地内で安定した効率的な発電量を確保できるという目的と目標を持ってきたのに対して、自然再生エネルギーは太陽光や風力や地熱という無尽蔵資源の活用という目的が前面に出されることが多い。ただし、台風や暴風雪で完全に無力化する太陽光発電や風力発電とは異なり、火力発電も原子力発電も嵐の日でさえ安定供給が可能である。この安定供給という社会目標面での大きな違いを再生エネルギー派はどのように評価するか。

(3)に関しては、原発と風力発電とは互いに相反する特性が示されただけで、議論の交わりにとぼしい現状にある。原発がかかえる放射能汚染や国民の被曝という危険性には、太陽光発電と風力発電がもつ発電量の乏しさや不安定供給それに高価格の電力料金と自然災害時に無力化するという構造特性が対置される。これまでは、それぞれの欠陥のみが反対側から相互に厳しく批判されてきた。

(4)(5)については、どちらの側にも決定打が見当たらず、さりとて節電はしたくないというやや身勝手な意識ばかりが目に付く。被爆、被曝、被ばく、ヒバクの意図的な使用によって、マスコミでの原発批判は定着した(14)。しかし、二五％前後の原発からの供給電力分を現段階で使用削減したマスコミはないようである。

## 誰が責任をとるか

(6)については、両者ともに観察、比較、判断に戸惑いが見られる。原発派は、原爆や水爆からの被爆と放射線治療やレントゲン写真撮影による被曝の相違を、繰り返し比較して説明する責任が生じた。一方自然再生エネルギー派は、これから二〇年後の可能性に託した希望的観測を繰り返さざるを得なくなり、現段階での実質的な解決には全く無力である。なぜなら、原発全停止により電力の不安定供給が続き、さらなる火力発電の補完で電力料金の高騰が始まれば、大企業だけではなく、中小零細企業の活動にも大きな支障が発生するからである。加えて、外国への工場進出が加速化されると、国内失業率が上昇する。自然再生エネルギー派はこの責任をとれないであろう。

その結果、国内での製造業が、電力事情に恵まれ人件費も安い外国へ積極的に進出しかねないというジレンマが発生する。日本経団連や商工会議所や連合が危惧するのは、何よりも電力の不安定供給と電力料金の高騰である。そうなると、今のところ世論に合わせて選挙対策で脱原発派が多くなった都道府県知事や市町村長もまた、管轄地域内からの企業撤退に直面して、雇用不安や失業増加、結果としての生活保護率の増大に悩むことになる。その時、知事や市町村長はどのような弁明をするだろうか[15]。「三・一一」以降に観察された事実に基づけば、これらの認識は容易である。イデオロギーに依存しないで、知的廉直性のなかで系統的な懐疑心があれば、普通の人なら誰でもが到達できる論点である。

**持続可能性は万能か**

さらに、環境政策のマジックワードになっている「持続可能性」(sustainability) ですら、「現状維持と格差固定に結びつきやすい」し、「あらゆる人のすべての問題を請け負うという包括性に富む分、有効性に欠ける」という正しい批判が生まれている (Sutton 2007：126)。今後の環境研究では、そのマジックワードに酔わないこと、得られた情報 (information) の質にこだわることがよりいっそう望まれてくる[16]。

多方面からの各種の疑問への正確な応答により、利害を超越した科学的な首尾一貫性が生まれ、論理的な整合性が得られる。それには、情報としての環境知識の創出面、伝達面、利用面での点検を心がけたい (Ascher, Steelman, and Healy 2010：7)。

環境情報の質を高める要件をまとめれば、

(1)創出面―どのような実験、観察、調査で得たか。
(2)伝達面―誰に届けるか、正確さと針小棒大さ。
(3)利用面―誰が使うか、何に使うか、どう使うか。
(4)知識社会学から見て、「作為のコスト」、「無作為のコスト」、「誤作為のコスト」の危険性もある。
(5)シミュレーションは社会的事実ではない。

(6)希望的観測とシミュレーションを交錯させても、観察された事実には及ばない。などへのより一層の配慮が望まれる。

### 予防原則による「誤作為」

とりわけ、希望的観測とシミュレーションにより構成された地球温暖化論で愛用された予防原則は、将来的に二酸化炭素による温暖化で地球が激変するのに「何もしなくていいのか」という批判を基盤にもつものであった。それは「無作為のコスト」を過大に見積り、現段階での「予防する」という「作為のコスト」を正当化した。京都議定書が発効してからの五年間では、政府や自治体が支出する毎年の「温暖化防止」予算の合計が三兆円にも達して、企業独自の費用が一兆円と見込まれるから、五年で二〇兆円にもなった。「三・一一」からの復興再生予算の見積り額と同じ費用が五年で消費されていたのである（三菱総合研究所 2008：188）。

しかし、現実に発生した二酸化炭素の削減は行政や企業による「温暖化対策」ではなく、世界的不況に連動した日本経済の停滞によるものであった。すなわち二〇年にわたり続いてきた「温暖化対策」は、「誤作為のコスト」の象徴となったのである。[17]

### バーズ・アイ・ビュー

社会システムには結合と分離と対立などの関係が混在する。元来、低炭素社会は環境分野における特殊な表現であり、情報社会や脱工業社会や少子化する高齢社会などの普遍性を持ちえていない。元素記号を用いる脱水銀社会、水素社会、拝金社会、親鉄社会などはいかにも不自然である。しかし、低炭素が国家権力により正統化され普遍化されてきた現在、この普遍化を再度特殊化するにはより以上の普遍的社会像を対置するしかない。

普遍化への起点は、社会システムが「開かれているからこそ存在する」(Prigogine & Stengers 1984=1987：

186）というところにある。そこでの社会システム触媒は物流、情報、資金、人間などであるが、これらの土台に電力エネルギーがある。開かれた状態では社会システムの構造は多重になり、複雑化して、乱雑性を帯びて、不可逆性が強くなる。

マクロ社会のスケールではそこには混沌しかない。しかし、物流を支える電力の分野では秩序があり高度な組織化がみられる。ミクロな個別性には秩序や均衡があり、マクロレベルでは要素間に拡散が激しく混沌状態が続いてしまう。

ただしプリゴジンがいうように、「多くの場合、『秩序』とか『混沌』などの言葉の意味を明確にすることは困難である」（同右：231）。しかしそこでの比喩の「熱帯のジャングル」を使えばどうなるか。熱帯の一本ごとの木には植物としての内的秩序があるが、無秩序に集合するとそれは生態学的には混沌状況を呈してしまう。熱帯雨林の混沌は全体としては生態学的な秩序をもつのかどうか。またそれをどのように測定するか。

**測定基準**　マクロ社会のスケールについては、以下の軸が参考になる。

(1)安定（stability）―不安定、流動
(2)秩序（order）―無秩序、混沌
(3)均質（homogeneity）―多様性、異質性
(4)平衡（balance）―非平衡、ゆらぎ
(5)発展（development）―停滞、退潮

それぞれではたとえば「安定と不安定」や「秩序と無秩序」のように、対応した内容をもっている。

しかし、秩序が発展の土台を形成したうえで、それが流動に至るというような関連が広く認められる。歴史的にはコント命題にあるように、発展の原動力は秩序だが、発展の過程では安定せずに、均質性が失われ、多様性が生じやすい。

また、異質性が発展の原動力であるという文化摩擦論も根強い。比喩的にいえば、摩擦熱による新しい文化の誕生は珍しくない。あるいは強い均質性が停滞の原因になり、退潮が固定すればそれは再び秩序に変貌する。このように、開かれている社会システムでは紹介した五つの判断基準そのものも揺らぎの状態にある。

社会システムでもマクロの視点とミクロな立場は衝突しやすい。しかし、ミクロな要素が持つ平衡・構造・秩序は、マクロな社会に見られる散逸・変動・混沌と親密な関連を持っている。個別夫婦それぞれの判断により社会全体では産み控えが大勢を占めた結果、マクロレベルでは少子化が進展する。それは消費市場を縮小させるから、個別夫婦が働く企業の業績を悪化させ、ミクロ要素である個人の職場環境を奪いかねない。あるいは個人の貯蓄への努力が行き過ぎると、社会全体の消費性向を弱めてしまい、結果的には企業活動が停滞して、景気の後退が始まる。

### 整合の努力

社会学では、不十分ではあるがミクロマクロ両方を捉えて整合させる努力がなされてきた。ここでもこの伝統を受け継ぐために、以下の原則を適用することで、環境分野として取り上げた二酸化炭素地球温暖化問題と自然再生エネルギー問題の構造を見通しておきたい。

(1)単体からシステム最適へ（最適）
(2)資源完結消費から循環へ（循環）

### (3)エネルギー転換効率の極限へ（効率）

たとえば、判断基準を循環性におくか効率性におくかで、結果が異なってくる。「三・一一」以降、平均すれば水力発電七％、火力発電六七％、原子力発電二五％、自然再生エネルギー一％の発電秩序が、原子力をゼロにするという運動目標によって大きく変化しようとしている。この運動主体はマスコミ、ＮＰＯ、一部の政治家、自然再生エネルギー予算獲得を目指す中央省庁や地方行政などである。

もちろん数年かけての自然再生エネルギー比率の二五％占有は不可能だから、数十年単位での希望的観測が入り乱れている。その際、社会システムのエネルギー構造の最適性は維持できるか。安定した電力品質と発電量は社会システムの最適性を左右する。リスクは原発による放射能汚染だけではなく、すべてのエネルギー源に内在する。

石炭火力時代に、炭鉱内での炭塵爆発やガス爆発それに坑内事故による死者が膨大な数に達したことへの配慮をしたうえで、原発リスクが問われているか。エネルギー源での死傷者は炭坑内と原発では異なるのか。想定外の台風や暴風雪は風車タワープロペラを壊し、太陽光パネルを破壊しないか。原発事故被害予測と同じく、この被害額の推計は不要か。

二酸化炭素地球温暖化論では、五〇年先に予想される海水面上昇や気象異常などの「地球環境大災害」に対する「予防原則」が適用されたから、その防止のための「作為のコスト」には無制限に近い予算の裁量が保証された。同じく二〇年先に花開くはずの自然再生エネルギーには「期待原則」が付随して、その建設のための「作為のコスト」にも可能な限りの国庫からの投入と割高な電力料金の普遍化が主張される。

### 誤作為の発生に対処できるか

しかし、地球温暖化対策で顕在化した「誤作為」は自然再生エネルギーでも確実に発生する。なぜなら、たとえば風力発電にみられる騒音、振動、生態系破壊や、風車タワーに使う土地買収問題は簡単には解決・解消しないからである。太陽光パネルの建設や維持のコストは高いし、その巨大な敷地の確保もまた難題である。

風力発電や太陽光発電は自然そのものが資源であるため、資源循環の観点でもこの種の発電が高く評価されることがある。確かに発電資源は完結消費か循環消費かに区別されるが、これは資源の種類によるので、善悪の判断はもともと不可能である。

しかし、福島原発人災によって、日本では「ウラン―放射性廃棄物―人体への悪影響―農水産物への悪影響―食品汚染―廃棄物処理の難しさ」などが組み合わされて、完結型の資源利用に対する批判が急増した。反面で、循環する資源としての風や太陽光や地熱や潮力への無条件の讃歌が横溢している。

### 循環資源も完結資源も併用する

しかし、循環だけが全てではない。業種によっては資源利用が完結することで、最適性が得られる場合もある。たとえば、食品、飲料品、薬品、陶磁器、ガラス製品、自動車、家電などは基本的に資源循環型ではなく、完結型である。食材は循環しないし、薬品も同じであり、ガラス製品も循環させにくい。

また、社会的ジレンマ論からみれば、公共交通の効率性と自動車保有を前提とした社会的最適性は整合しない。同時に、高齢者介護の最適性は福祉施設の効率性を保証しない。さらに、遠隔医療にみる二次接触は効率性に富むが、医療における医師と患者の対面接触がもつ最適性の点では劣る。(18)

二酸化炭素地球温暖化論で示された予防策は、工場施設などからの大口排出抑制であった。皮肉なことに、二酸化炭素の削減が達成された最大の原因は、人為的政策の成果ではなく、世界的な景気低迷による工場施設の稼働率低下であった。行政も経営者も二酸化炭素排出削減のために費用を使ったが、労働者や消費者にはその分が還元されなかった。

**知的イノベーションの必要性**

消費者が負担した消費税の一部は政府や都道府県や市町村の温暖化対策に回されたにも関わらず、二酸化炭素による温暖化阻止効果には乏しかった。納税者としては何も利益を還元されなかった。このままでは、むしろ予想される排出権料として、日本政府が外国に支払う金額は兆の単位に達する。

「三・一一」からの復興費用が一六兆円から二〇兆円と見積もられている現在、「年に一兆円とか、一〇年で数十兆円とか、そういうお金は医療や福祉、教育、防災（地震対策など）に使うほうが賢い」（伊藤・渡辺 前掲書：237）は二〇〇八年に指摘されていた。今からでも遅くはない。シミュレーションと仮定法によって構築された二酸化炭素地球温暖化論を克服する科学的な環境論に進むことが、近代化、産業化、都市化、情報化、国際化などの社会変動基盤をなすエネルギー問題への新しい学術的指針となるので、そのための知的イノベーションが各界で求められる。

# 第2章　環境と電力問題の知識社会学

## 1　リスク社会の集合的ストレス

**知識が社会的存在に制約をうける**

かつて知識社会学に触れて、マートンは「現象は限りなく多様であること、一つの概念図式をもとにしてどうしてもそこから選択せざるを得ないこと、この図式と問題の定式化にとって価値と社会構造が関係する」（Merton 1957=1961：462）とのべ、「もし知的虚無をさけようとすれば、種々な一面的解釈を統合するための何か共通の広場がなければならない」（同右：464）と主張した。

この論点としての「共通の広場」もまた、「知識が社会的存在に制約をうけている」（Mannheim 1931=1973：152）、ないしは「理論および思考様式の社会的被制約性」（同右：152）の中でしか見出せない。この知識社会学の根幹を活かして「共通の広場」を求めるために、「存在制約性」として私が長らく親しんできたパーソンズによる科学的知識の基準を借用しよう。それは、⑴経験的妥当性、⑵論理的明晰性ないし個々の命題の正確さ、⑶命題間の論理的一貫性、⑷いくつかの原理の一般性、を取り込んで作られている（Parsons 1951=1974：334）。

これらに加えた「共通の広場」づくりでは、ホワイトヘッドの「学説の衝突は好機であって不幸ではない」(Prigogine & Stengers 前掲書：287)を大原則とする。すなわち、

(1)イデオロギー思考は旧式化の非科学的方法であり、現実を誤解させる。
(2)ユートピア思考は現実離れが甚だしく、将来的願望を柱とする仮定法に止まるから、両者ともに排除する。[1] そのうえで、
(3)全体を考慮して総合的で包括的な展望に立脚する。
(4)視野の中心を鮮明にさせ、徐々に周辺まで拡大する。
(5)社会の全体的計画における漸進的改革を進める。

などを軸として「共通の広場」づくりを行う。

**科学の実践的有効性**　その試みでは、科学の実践的有効性は現象の部分的な観察に依拠しても、最終的には全体的構想へと結び付けられる。そのうえでそれは、複合現象のなかで比較的有効な説明要因を見つけ出して、特定のパラダイムのなかに新しく位置づけることになる。[2] この際に、デュルケムが指摘した「科学は諸原因からどのようにその諸結果が生じるかを教えることができるが、いかなる目的が追求されるべきかについては語ることができない」(Durkheim 1895＝1978：122)への配慮は当然である。加えて、「世界解釈の一定の仕方に関係させ、さらにその存在の前提としての一定の社会構造に関係させて論議する」(Mannheim 1931＝1973：173)方針も堅持しておきたい。

しかし「学問は結局世のため人のためでなくてはならぬ」(柳田 1976：145)という科学の実践的有効性の強調からすれば、目的の追求に役に立つ科学という性格付けもまたはずせない。

これらの古典に感銘を受けて、社会学を通して個人と社会のそれぞれの「生活の質」（ＱＯＬ）の向上に寄与しようと考えてから三五年が経過した（金子 2008a）。都市化とコミュニティの研究が一〇年、同じく高齢化と地域福祉の研究に一〇年、そして少子化と子育て支援研究にも一〇年かかった。それ以降は「環境と社会」を念頭にして、この六年ばかりは環境の機能分析の観点から二酸化炭素地球温暖化論について調べてきた（金子 2008b）。

それらにおいては、一定の方法で対象の一部に関して研究した成果を、真理の追究過程として既存の体系的知識に組み込み、新たに総括する科学の最終目的は、全人類への貢献、すなわち「生活の質」（ＱＯＬ）の向上にあるという素朴な信念の支えがあった。そして二〇一一年三月一一日に発生した東日本大震災を目の前に見て、全ての科学や学問の目的は国民のためにあることを改めて実感した。

### 包括的視点に立脚

自然科学、社会科学、人文科学などの成果は、⑴長期にわたる歴史に沿う事実を元に観察された結果から、⑵広い範囲を覆いつつ、⑶大半の国民に対して正しく提供される。科学的成果の正確な創生、偏らない伝達、適正な有効利用という三点への配慮は科学者の基本である。その意味で、科学の基本的な姿勢は現実の研究対象を含む全体像のなかに位置づけて考慮し、可能な限り包括的視点に立脚するところにある。「学問はいずれの科学を見てもわかる通り、事実を基礎とする」（柳田 前掲書：146–147）から、事実の観察や調査はきわめて重要な実践になる。この指摘はコント以来一貫して世界の社会学では共有されてきた。

そして分野は異なりながら同じフランス科学の伝統にあるベルナールにも、「『事実』は必要な材料である。真に科学を構成するのは、実験的推理、即ち学説による『事実』の活用である」（Bernard 前掲書：51）という指摘がある。収集された事実によって研究を進める視野の中心が鮮明になるから、そこを拠点にして周辺領域にまで研究射程を拡大することになる。ここでも「可能な限り理論は単純で、自己矛盾なく説得的である」（Kuhn 1962=1971：210）は当然である。また、科学の漸次的で部分的な発展を心がけるピースミールなアプローチの重要性も不変である（富永 1986：57）。

私が長年継続してきた一人暮らしの高齢者支援の研究では、別居している子ども夫婦との交流の実状、一人暮らし高齢者が近隣のなかで保有するソーシャルキャピタルの現状、地域集団への関与の仕方、行政サービスの受容頻度などの分野が視野の中心になる。そして、要介護支援の高齢者の存在、その多種多様なサービスの購入、ボランティア活動者による支援の実情、民生委員や町内会での支援活動などが、周辺領域として位置づけられる（金子 1993：2006a：2006b）。

一方、二酸化炭素地球温暖化論における視野の中心には、クルマや火力発電所からの人為的二酸化炭素濃度の上昇による温暖化効果の測定がある。同時に黄砂や他の原因による大気汚染や水質汚濁や騒音振動などの環境被害への目配り、環境問題としての自然的二酸化炭素濃度の増加もまた関連して存在する（金子 2009a：166）。

### 自然環境や社会環境の復旧・復興・再生過程

これらの問題意識とささやかな調査体験から、ここで課題とするのは「三・一一」で破壊された生態系としての自然環境や社会環境の復旧・復興・再生過程について、社会学が果たせる役割の点描である[3]。そこでは社会システムの再生、調和、均衡、発展を目指す社会学の知的営為が試されることになる。文字通り「人びとは危機から学ぶことを知らなければならない」（Mannheim 1935=1976：23）。

この場合に最優先の留意事項は、社会システムの日常性と非日常性の区別である。たとえば、災害直後の非日常的なコミュニティの発生は時代や国を超えて普遍的に認められる。そこでは、愛他（利他）主義[4]、相互扶助、臨時の自己組織システム、ボランタリズム、即時対応、絆、団結、協力、自然な業務分担、共感などコミュニティの要件が垣間見てとれる。しかしこれは災害直後で、それまでの連綿として続いてきた日常を超えたコミュニティ（extraordinary community）における瞬間特性である。したがって、非日常的大災害に期待しては、いつまでも日常的なコミュニティを構想することができない。

逆に地震、津波、火山爆発などによる大災害は、エリートパニック、個人主義の消失、官僚制とシステムの機能不全、被災者への偏見差別、社会的混乱、窃盗、マスコミの誤報、安全の概念にとらわれた人命に無関心な役人、役所仕事の公的対応抑圧、連邦政府の無能と冷淡さと愚かさなどを鮮明にする。これらは日常性の中に埋没していたが、緊急時には社会システムの大きな負荷となる（Solnit 2009=2010）。

**科学的精神の六原則**　自然災害が発生すると、それに付随して非自然災害が生まれ、次には社会的破壊が行われ、被害者が罪人にさせられ、被災地が監獄の町に変えられるという「言語道断の大惨事」（同右：324）にならないという保証はどこにもない。

現状分析から政策提言を行う際にも、また大災害の二側面であるこれら日常性と非日常性の問題に取り組む場合にも、とりわけ次の科学的精神六原則は不可欠である。

(1) 知的廉直性
(2) 観察された事実に基づく認識
(3) 系統的な懐疑心

(4)疑問への正確な応答
(5)利害の超越
(6)首尾一貫性

これらは、いずれも従来から、自然科学だけではなく人文・社会科学においても科学的精神の要素として活用されており、相互に関連が深い内容を持っている。かりに首尾一貫性がなければ、系統的な懐疑心は生まれないし、観察された事実がなければ、疑問への正確な応答は不可能である。

たとえば毎年夏に全国で広く見られる熱中症（日射病を含める）の英語表現には、'heatstroke = sunstroke = insolation' がある。このうち insolation は、(1)日光浴、(2)日射病という全く正反対の意味がある。

太陽光が少なくビタミンDが欠乏するとクル病の原因になるが、そのような状態では骨の形成不良も進み、高齢者には骨軟化症の危険が大きくなる。もちろん、行き過ぎた日焼けが皮膚ガンの原因になり、太陽エネルギーの強さは熱中症を引き起こし、命に関わる最大のリスク要因になることは周知の通りである。

この対応として、夏場に水分を多めに摂取することは熱中症の予防として大きな効果をもつ反面で、水分の取りすぎは胃液を薄めて消化機能を低下させ、夏バテしやすくなる。このように、観察された事実が持つ機能の多くには功罪ともにあるので、状況に合わせて、「過ぎたるは猶及ばざるがごとし」という大原則が浮かんでくる。したがって、観察された事実のうち任意の断片だけの分析からでは普遍的な命題作成はできない。「木を見て、森を見ず」の姿勢は、科学的営為とは無縁なものである。

ところが日本では、少子化対策の「保育重視のための待機児童ゼロ作戦」、義務教育段階の「ゆとりある教育」、環境問題における「地球温暖化防止のための二酸化炭素の削減」という、まさしく「森ではなく木しか見ない」傾向が二〇年近く続いてきた。その結果、それぞれでの大きな潮流は好転しなかった。少子化はとどまらず、年少人口率は減少し、生徒や学生の学力低下は進み、中年世代までの勤勉性は破壊され、二酸化炭素の削減は不況による景気低迷が最大の要因であることが判明しただけである。

**科学的機能分析**

科学的営為とは、実験や調査や観察によって、既知の事実から未知の事実を論理的に推測する行為である。もちろん全体像はまるごと摑めないから、全体の中に位置づけてその一部の個別的対象に取り組むしかない。

実験、調査、観察した事実の整理が終われば、他の類似の事実と比較したうえで、多くの事実による命題を含む学説に修正する。ここで必要な試みは、マートンが完成した機能分析の適用である。社会現象の「正機能と逆機能」に「顕在性と潜在性」を加えて四象限を作成した表２－１を使って、私は少子化研究や二酸化炭素地球温暖化の研究では機能分析を繰り返し行ってきた。

**表２－１　機能分析の４象限**

| | 顕在性 | 潜在性 |
|---|---|---|
| 正機能 | A | B |
| 逆機能 | C | D |

原発エネルギーと自然再生エネルギーを含む電力問題でも、その機能分析は応用可能である。これまでの火力発電と原子力発電の電力源は化石資源の塊であった。しかし、太陽光発電や風力発電などの自然再生エネルギーは分散した環境が資源になる。そしてこれらは面積エネルギーだから、原則として効率的にはなりえない。面積が広くなければ発電資源としては有効ではないので、それらからの電力は必然的に割高に

なってしまう。

### 風力発電の顕在的逆機能

加えて、たとえば風力発電の顕在的逆機能としては、⑴発電量を人間がコントロールできない発電システム、⑵巨大風車の法定耐用年数は一七年、⑶落雷や強風でブレード（羽根）がちぎれて飛散することがある。⑷メーカー二年保証が切れた後は修理も放棄されて、単なるオブジェになる。⑸想定外の地震、津波、台風被害への対応の不備などが、あわせて指摘できる。

一方、石炭や石油や液化天然ガス（ＬＮＧ）は地球数百万年単位の資源の塊であるために、集中的な発電用にも適していて、発電資源としての塊にはなりえない太陽光や風力とは性質を異にする。

世界的に見ると、産業革命以降の歴史の中で、各国の発電は最初こそ水力という自然エネルギー依存ではあったが、徐々に石炭火力に第一位の座を奪われ、次いで石油火力にその座を譲り渡した。

### 総発電量の推移

ちなみに日本近代化過程における総発電量の推移は表２－２の通りである。日本では長い間「自家用」ではなく「電気事業用」のみの電力であり、一九二〇年になってようやく「自家用」が登場する。それ以降は一九六〇年まで「水力」が「火力」を凌駕した。一九六五年になるとこれが逆転して、「原子力」もこの年にようやく登場する。とりわけ高度成長期には発電量が飛躍的に増大した。水力発電と石炭火力発電から出発した高度成長期の後半には石油火力発電と原子力発電が揃い、年間五〇〇〇億kWhの時代を過ぎて、一九八五年前後には八〇〇〇億kWhを達成して、二一世紀初頭では一兆kWhを超えた。

図２－１は二〇〇〇年から〇九年までの総発電量の内訳である。基本的には石炭、石油、ＬＮＧに依存する火力発電が六七％程度、原発分が二五％前後、水力発電が七％台で推移してきた。自然再生には

表2－2　発電源別総発電量　(単位：百万kWh)

| 年次 | 水力 | 火力 | 原子力 | 地熱 | 風力 |
|---|---|---|---|---|---|
| 1920 | 3,166 | 649 | | | |
| 1950 | 37,784 | 8,482 | | | |
| 1960 | 58,481 | 57,017 | | | |
| 1970 | 80,090 | 274,868 | 4,581 | | |
| 1980 | 92,092 | 402,838 | 82,591 | 871 | |
| 1990 | 95,836 | 559,164 | 202,272 | 1,741 | |
| 2000 | 96,817 | 669,177 | 322,050 | 3,348 | 109 |
| 2008 | 83,504 | 798,930 | 258,128 | 2,750 | 2,942 |
| 2009 | 83,832 | 742,522 | 279,750 | 2,887 | 3,613 |

(出典)　1960年までは矢野恒太記念会編『数字で見る日本の百年』2006：171.
1970年以降は矢野恒太記念会編『日本国勢図会』2011：130.

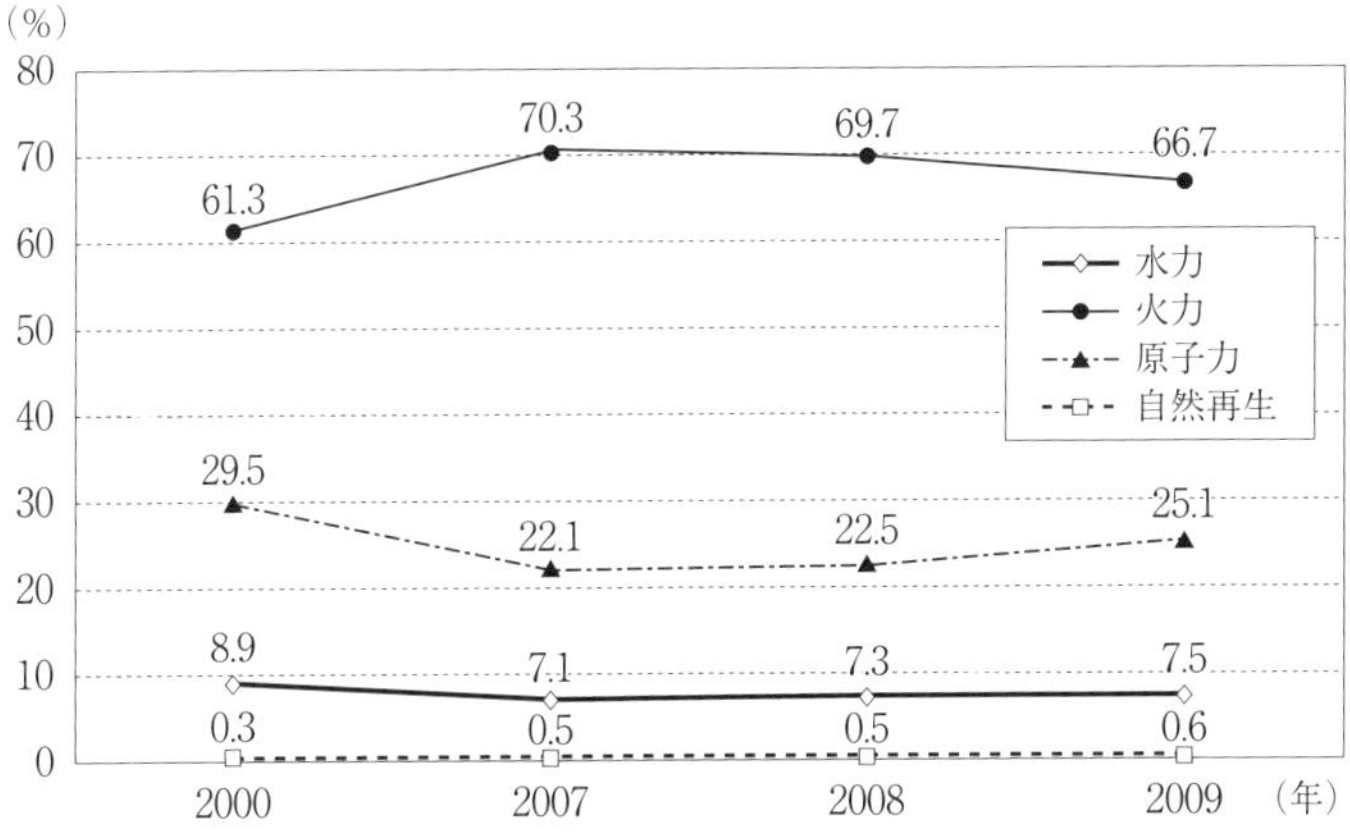


図2－1　発電源別総発電量

(注)　火力には石炭，石油，LNGを含む．自然再生には地熱，風力を含む．
太陽光発電の比率はまだ計数値には出てこない．

矢野恒太記念会編『日本国勢図会 2011/12』(第69版) 2011：130.

地熱発電と風力発電を含むが、太陽光発電の比率はまだ統計の中の計数値には出てこなかった。

二〇〇九年段階でも、自然再生エネルギーの比率は一％に届かない。ここにも、火力発電が石炭、石油、液化天然ガスなど集積した天然資源を利用して行われ、その電力が産業と国民生活に活用されてきた近代化日本の現代史の一側面がうかがえる。

原子力の場合も天然資源であるウランを主原料とするから、今日までの基本的な発電傾向は地球の長い歴史で集積された複数の天然資源を発電源としてきたことになる。これは水力発電率が六〇％近いカナダなどをのぞけば、世界的にも例外はない(5)。

**原発の持つ負の側面**

ところが、「三・一一」福島原発の被災以降、原発の持つ負の側面としての顕在的・潜在的逆機能性が、マスコミを筆頭に社会学界も含めた各方面で強調されているように思われる。とりわけ、被爆、被曝、被ばく、ヒバクの意図的混用がマスコミだけではなく、政治でも行政でも行われており、その印象が強い。同時に、ヒロシマ、ナガサキ、フクシマという表現も浸透した。そこには、原発が一九九〇年からの二〇年間、全発電量の二五〜三〇％前後を占めてきたという顕在的正機能としての事実が忘れられたうえに、いわゆるオール電化を行政も産業界もマスコミも煽ってきたことへの反省がまるで見られない。

**電力が近代社会の根幹**

歴史的に見ると、産業革命が蒸気機関の発明による動力源のイノベーションに負うところは周知の事実である。その延長に発展した発電が近代社会の根幹になってきたこともよく知られている。石炭の使用が産業化＝近代化を促進させた時期もあり、鉄は国家なりの時代もあった。製鉄所はまさしく近代化日本の象徴であり、七色の煙による大気汚染をはじめとする公害(6)もまた繁栄のしるしであった（金子 2009a：38-41）。

その後はマイクロチップが産業の米と称されて久しい。そしてそれを動かすのも電力である。電力は文字通り近代社会システムの中心的推進力であるが，日本語では電力会社の発電所という表現でしかなく，製鉄所や造船所という所（電力をつくる工場）の位置づけにとどまってきた。しかし，たとえば英語では state と同じ語源である 'power station' が普通に用いられている。フランス語でも 'le centrale' になり，発電所は文字通り国の核となる機関であり，社会システムの中心に置かれてきた。

産業社会がいくら高度化して情報社会になっても，その推進力の一つとして品質が保証された電力は大きな役割を果たす。それどころか，情報社会の主役の一つであるＩＣＴ（information and communication technology）機器の年間消費電力は，二〇〇六年には全体の五％程度であったが，二〇二五年には全体の二〇％を超え，二〇五〇年には全体の半分になると予測されている（小柴 2011）。ポストモダンでも脱工業社会でも「第三の波」（トフラー）の世界でも，膨大な電力消費が前提になっていたのである。

### 水力発電にもリスク

加えて一九六〇年代の日本の高度成長により，豊かさの象徴として各種の家電製品を各世帯に届けられたのは電力の支えがあったからである。もちろん時代に応じて主要な発電源は水力から石炭火力を経由して，石油火力と天然ガス火力と原子力の併存が見られることが多くなった。完成までの難工事で多くの人命を奪った「黒四ダム」は，まさしく水力発電時代の象徴でもある。

たとえば「黒四ダム」の高さ（堤高）は一八六ｍで日本一を誇り，現在でも破られていない。総貯水容量は約二億トンで北陸地方屈指の人造湖黒部湖《くろべこ》を形成する。総工費は一九六三年建設当時の費用で五一三億円であり、これは当時の関西電力資本金の五倍という金額である。作業員延べ人数は一〇〇〇万人を超え、工事期間中の転落やトラック・トロッコなどの交通事故等による殉職者は一七一人にも及んだ。

このように、一見クリーンな印象がある水力発電でも、そのダム工事では多数の人が命を落としたという顕在的逆機能が指摘できる。水力発電は水という天然資源に依拠するが、その活用には大規模工事を伴う重厚長大型の施設建設が付随する。

**炭鉱事故**

一方、石炭火力時代の石炭の大半は国内の大手炭坑から採炭されたものであったが、夕張でも大牟田三井三池でも繰り返し発生した五〇〇人規模の炭塵爆発の記憶は、団塊世代にはしっかり残っている(7)。一九六〇年代までの国内石炭採掘時代のリスクとして炭塵爆発やガス爆発や落盤事故があった。機能分析によれば、繰り返された大事故は石炭を採掘するという事業に内在したリスクであり、これもまた顕在的逆機能の典型になる(8)。原発事故の放射能汚染のレベルとは比較にならないほどの死者である。

自家用車やトラックの使用を普遍化させたクルマ社会は効率的であるから、国民「生活の質」と産業活動を支える有力な要因でもある。自動車産業はすそ野が広く、自動車修理、ガソリンスタンド、自動車保険など関連産業まで含むと全業種の一割を超える人々が働いている。しかし、交通事故死は多い年で一万人を超えて、平均しても長期間で毎年八〇〇〇人前後が亡くなってきた。ここにも顕在的逆機能が働いている(9)。

リンド夫妻がミドルタウンの調査をした一九二〇年代のアメリカでも、自動車購入のために家族が一致団結したり、自動車が家族員それぞれに行動の自由を与える顕在的正機能が強調される反面、家族全体での行動が少なくなり、家族が解体するという危険性が潜在的逆機能として指摘されていた（Lynd & Lynd 1929＝1990：184-190）。

**原発は「脱、廃、卒、さよなら」か**

時代が変わって、「三・一一」で被災した東電福島原発の人災により、残りの五〇基を超える日本全国の原発が「脱、廃、卒、さよなら」といわれるようになった。日本現代史では、原発が発電量全体に占める比率は二五％から三〇％であった。原発廃止を主張するのは自由だが、廃止派の大半が二五％程度減少した年間総発電量八〇〇〇億㎾hであった一九八五～九〇年の社会を指向しておらず、むしろ希望的観測を交えて太陽光発電、風力発電、地熱発電、潮力発電などに過剰なまでに期待する。つまり、現実的な原発廃止論と希望的な自然再生エネルギー論が共存した構図である。しかしそこには、二〇年のタイムラグが読みとれる。

これら自然再生エネルギーが十分に手にはいるまで節電しようというわけだが、とても本気だとは思われない。いずれ高価格が予想される天然ガスによる火力発電の併用も主張されるとはいえ、具体的な節電にまで踏み込んだ主張が見当たらない。たとえば年間を通して一日の消費電力が最大値を更新する日は、八月下旬の甲子園高校野球決勝戦の中継時間帯であることはよく知られた事実である。

「三・一一」が発生した二〇一一年の夏に本気で節電をいうのならば、大会主催の高野連、その報道をするマスコミ、あるいは監督官庁の文部科学省は、人間が決めた年中行事にすぎない甲子園高校野球期間をなぜ九月に延期しなかったか。あるいはエアコンとテレビ視聴により電力使用がピークになる午後一時からの試合を早朝六時からもしくは午後六時からに移して、午後一時から五時までの試合を中断する方法をどうして採用しなかったのか。

脱原発や廃原発の主張と並行して、甲子園の高校野球期間を変更して、一日の試合時間帯を変更するなどで、短期的に可能な真夏の節電方法があるのに、仮定法の世界で一〇年や二〇年先の自然再生エネルギーにだけに期待しても、現状は好転しない。

一つにのみ頼るのは危険

個人も集団も企業も政党も自治体も国家さえ、「一つにのみ頼るのは危険だ」は真実である。機能分析を使えば、グリーン・エコノミーや風力発電讃歌論では予想可能な顕在的逆機能も潜在的逆機能も無視されたことが分かる（吉田 2011）。個人も企業も行政も等しくグリーンワッシュ（環境に優しいふりをすること）では何も解決しない。

産業化＝近代化の歴史が教えるように、現在は過去の延長とともに未来の先取りであり、先取りされた未来の一部が、過去の名残とともに現在を形作る要素になっている。このような観点で、「三・一一」の実情を見ていこう。

## 2 「三・一一」における被災の実態

犠牲者には高齢者が多い

未曾有の犠牲者を出した「三・一一」の全貌が少しずつ明らかになるにつれて、この世で最優先されるべき人命の尊さを思い、同時に自然の計り知れぬ力に慄然とする。

行方不明者を含む二万人の死者のご冥福を祈り、一〇万人を超える被災者の日常に心を痛めつつ、時間ばかりが過ぎていく。

　大震災からほぼ一カ月後の警察庁集計を共同通信がまとめた結果によれば、亡くなった方で年齢が確認された九三六二人のうち、高齢者は五一三二人に上り、全体に占める比率は五四・八％になった。二〇一〇年一二月末の高齢率は、岩手県が二六・八％、宮城県が二二・三％、福島県は二四・五％であったが、被災地のうち陸前高田市や釜石市や宮古市などはすでに高齢化率は三〇％を超えていた。高齢の犠牲者が地域高齢化率の二倍を超えたことは、午後二時四六分という大地震・巨大津波の発生時間に在宅されていたからであろう。

　また、「三・一一」の大地震・大津波発生から四月一一日までに警察庁が検視を終えた遺体一万三一三五人のうち、水死が一万二一四三人（九二・五％）に達したことが明らかになった。岩手県の水死の割合は八七・三％、福島県が八七・〇％、宮城県は九五・七％になっていた。年齢が判明したのは、六〇～六九歳が二一二四人（一九・一％）、七〇～七九歳が二六六三人（二四・〇％）、八〇歳以上が二四五四人（二二・一％）であり、この統計でも高齢者の犠牲者の多さが目立った。もちろん、避難生活をされた被災者の中でも高齢者比率は高い。

**死者総数**

　被災から三カ月後の六月一三日現在で、行方不明者を含む死者総数は二万三三五六人とされた。マグニチュードは九・〇、震度六弱以上を記録したのは八県に達しており、大津波は相馬で九・三m以上、宮古で八・五m以上の観測値が記録された。災害救助法の適用は二四一市町村に上った。地震と津波の規模、被災地の広さ、被災者の多さ、死者の多さなど、史上空前の生態系の破壊を伴う大災害であった[10]。

警察庁調べによると、五カ月後の八月一〇日現在の死者は一万五六八九人であり、一カ月前から一四二人増加したが、不明者は六〇〇人減の四七四四人になった。合計すれば二万四三三人になる。依然として死亡者と不明者の確定は難しい。法務省の集計では、七月二九日時点で不明者二八三〇人分の死亡届が出ている。また、内閣府が七月二八日時点でまとめた避難者数は、四七都道府県に八万七〇六三人に達している。一カ月前に比べると、約一万二〇〇〇人減ったが、まだ公民館や学校などに一万二九〇五人が身を寄せ、一万九九一八人は旅館やホテルで暮らしていた。

国土交通省によると、仮設住宅は八月九日現在、必要戸数の約八八％に当たる四万六〇八一戸が完成して、うち七三％で入居が済んでいた。

## 復興構想七原則

「三・一一」から一〇〇日が経過して、復興構想会議が「復興構想7原則」も含んだ復興に関わる全体構想をようやく発表したが、八カ月経っても具体的な動きには乏しい。ここではまず復興再生を論じるに先立って、東日本大震災の概略を一九九五年一月に発生した阪神淡路大震災と比較しておこう（表2－3）。

名目GDPを除いて、被害額、国と地方の長期債務残高、社会保障給付費などは、阪神淡路大震災に比べると東日本大震災の方がほぼ二倍になっている。被害が大きく、国の借金は大幅に増え、高齢化率が九％も高くなったことを受けて社会保障給付費の純増が目立つ。そして長引く経済的低迷期間が続いたために、名目GDPでは今日の方が一〇兆円も少ない。これらのデータが示すなかで、被災国日本で出された「復興構想七原則」は表2－4の通りである。希望的にせよ、未曾有の大震災と大津波による大災害からの復興が、高らかに謳いあげられている。

**表2－3**　東日本大震災と阪神淡路大震災の比較

| | 東日本大震災 | 阪神淡路大震災 |
|---|---|---|
| 被害額 | 16兆9000億円 | 9兆6000億円 |
| 名目 GDP | 479兆円 | 489兆円 |
| 国の長期債務残高 | 869兆円（GDP の181%） | 368兆円（GDP の75%） |
| 65歳以上の人口 | 2,958万人（全人口の23%） | 1,759万人（全人口の14%） |
| 社会保障給付費 | 105.5兆円 | 60.5兆円 |

**表2－4**　復興構想7原則

| | |
|---|---|
| 原則1 | 失われたおびただしい「いのち」への追悼と鎮魂こそ，私たち生き残った者にとっての復興の起点である。この観点から鎮魂の森やモニュメントを含め，大震災の記録を永遠に残し，広く学術関係者により科学的に分析し，その教訓を次世代に伝承し，国内外に発信する。 |
| 原則2 | 被災地の広域性・多様性を踏まえつつ，地域・コミュニティ主体の復興を基本とする。国は，復興の全体方針と制度設計によってそれを支える。 |
| 原則3 | 被災した東北の再生のため，潜在力を生かし，技術革新を伴う復旧・復興を目指す。この地に，来るべき時代をリードする経済社会の可能性を追求する。 |
| 原則4 | 地域社会の強いきずなを守りつつ，災害に強い安全・安心のまち，自然エネルギー活用型地域の建設を進める。 |
| 原則5 | 被災地域の復興なくして日本経済の再生はない。この認識に立ち，大震災からの復興と日本再生の同時進行を目指す。 |
| 原則6 | 原発事故の早期収束を求めつつ，原発被災地への支援と復興にはより一層のきめ細やかな配慮をつくす。 |
| 原則7 | 今を生きる私たち全てがこの大災害を自らのことと受け止め，国民全体の連帯と分かち合いによって復興を推進するものとする。 |

そこには医療、福祉、介護、保育への目配りを伴うコミュニティへの配慮、緊急雇用から雇用全体の回復、企業支援による産業復興、農林水産業の再生、観光需要の回復、交通・物流基盤の強化、再生エネルギーの利用促進、人を生かす情報通信技術の活用が指摘されている。最後には、復興のための財源は次世代に先送りせずに、今を生きる世代で負担を分かち合うとされた。

かつて「計画化社会」について、マンハイムは社会の全体的計画をめざす漸進的改革についての基本要件として、(1)平等性、(2)機会均等と無制限競争、(3)欲望の無限性と所得制約、(4)勤勉性と大量失業、(5)技術の高さと低級趣味、(6)思考は「診断と治療」を統一させるとして、「重要な問題に対処するのには新しい思考の型が必要である」(Mannheim 1950=1976：553)とした。(2)(3)(4)(5)に集約された、矛盾する要件をどのように統合するか。この復興会議の提言と被災の現実に、社会学の計画理論と環境理論とを相互往来させる試みのなかから、今後の災害復旧復興過程を概観しよう。

### 自然災害は社会システムへの外的ストレス

まず理論的には、自然災害は生態系を内在させた社会システムへの外的ストレスとして位置づけられる。東日本における巨大地震と大津波はまさしくその典型であり、きわめて短時間でコミュニティやそこで暮らす住民に大災害をもたらした。

社会システム論からみると、これは「便益性」(facilities)の破壊に直結する問題になる。便益性は行為にたいして特別の様式の意義を有する所有物であり、資材、設備、土地家屋などが該当する。「便益とは、なおいっそうの「効用」の「生産」に捧げられる所有物」(Parsons 前掲書：82)であるから、効用の増加に向けて、便益システムに力をいれることは合理的選択とみなせる。

そして便益を効用につなげるには、一人の行為ではなく複数の行為者の協力(cooperation)が有効であり、この協力関係の体系が組織化されて、最終目標として個人の欲求充足と社会システムの安定が位置づけられる。「災害にさいしてつねに問題となるのは、人間行動の組織化にあり、そこでの未組織な大衆の部分とフォーマルな組織の部分との関連にある」（秋元 1982 : 20）であり、社会システム論による貢献もまたその部分にある。

**集合ストレス**

理論的にストレスを社会システムへの緊迫、困難、危険などを引き起こす特大の力とみなせば、それは次の六つの軸に整理できる。すなわち(1)ストレス原因は、社会システム内部としての人間世界―外部としての自然世界、(2)ストレス衝撃力は、強い―弱い、(3)衝撃の発生速度は速い―遅い、(4)被災の程度は、大規模―小規模、(5)被害の範囲は、広い―狭い、(6)衝撃の持続期間は長い―短い、に整理できる[11]。

社会システムを取り巻く環境における好ましくない大きな変化としての集合ストレス原因には、産業化によるエネルギー革命に伴う資本主義化、マルクス主義思想運動や軍事力行使によるクーデタなどの革命運動、ウィルスによる感染症の世界的蔓延、人口面での少子化する高齢社会への変動などが想定される。また、社会システム外部からのストレス原因には、地震、津波、火山爆発、台風などの大規模生態系破壊を伴う自然災害があげられる[12]。

「三・一一」規模の巨大地震を類型化すれば、衝撃は強い、速い、大規模であり、広い、長いが特徴となる。この観点によれば、「三・一一」は、人間社会の外部にある自然界として地球そのものの地殻変動を要因として、エネルギーは強力で、影響は広範囲にわたり、規模は限りなく大きいものであった。さらに震災と津波被災は、極めて短時間で発生した生態系への自然災害そのものによる部分と、被害を受けた福島原発からの放射能汚染と風評被害に代表される社会的災害の象徴になった。

被災者の救出、復興、再生、被災地の再開発などは、これから何年かかけて世界からのそして日本全国からの精神的支援、物質的支援、金銭的支援、人的支援などの複合によって、着実に進むであろう。復興会議の提言もまた生かされる内容が多い。

### 義捐金配分の遅れ

しかし、全国民や全世界から被災後二カ月間に日本赤十字に寄せられた貴重な義捐金二五一四億円が、速やかに被災者に届かなかった。また、四カ月後の義捐金総額三五一三億円で被災者に届いた分は三二%しかなかった（厚生労働省の発表による）。ところが、実際には八五%の二五九五億円は日本赤十字から被災の都道府県に、うち二二二八億円は市町村に送られていたのである。[13] この時間のズレは深刻である。

義捐金の配分遅れと被災者向け仮設住宅の建設依頼が地元業者に行かなかった理由は、ともに被災した自治体の「人手不足」といわれる。八月一一日の総務省発表によれば、被災した青森、岩手、宮城、福島、茨城、千葉六県への自治体の一般職員派遣は七月一日までの延べ人数で五万六九二三人に達したという。ただし警察官と消防士は含まれない。多くの場合、被災した自治体との災害時相互応援協定や姉妹都市提携があったから、派遣に踏み切っている。派遣された職員は、避難所の運営や被災者の健康管理に従事している。

総務省発表によれば、これらの派遣主体は全国の都道府県と市区町村であり、都道府県で送り出しが多いほうから東京都二七二二人、埼玉県一五四七人、北海道八六四人となっていた。また、政令指定都市では、大阪市一六七七人、横浜市一四一二人、神戸市一〇〇六人であった。市区町村では、姫路市四四二人、埼玉県加須市四二七人、秋田県大仙市三四一人が上位になった。

受け入れ延べ人数が一番多かったのは宮城県で三万二九五人、岩手県が一万四九九六人、福島県が九九九一人となった。これだけの人的支援を受けても、自治体経由での被災者への義捐金配分が遅れ、仮設住宅建設発注が地元業者に回らなかった。

### 災害時には業務遂行ができない市役所

この背景に、マスコミや中央地方を問わず各種議員によって主導され、国民もまた概ね支持した長期にわたるキャンペーン「行政改革とは公務員削減」の影響が存在するのではないか。すでにいくつかの先行する災害研究では、「正常な地域社会の役所の構造は、余分な仕事を取り扱うことができない傾向を持っており、災害時には特別な機関を創設しなければならない」（Barton 前掲書：44）と指摘されていたし、「日常的な機能と並行して、災害のための業務遂行に必要な人員その他の対応能力に欠ける場合」（Raphael 1986=1995：463）もあげられていたが、今回の「三・一一」ではこれらの学術的な教訓が政府でも活かされなかったのである。そして対応の遅れの中に、この学術的な成果に学ばない政治、行政、マスコミの体質が鮮明になった。

現代日本の政治、行政、マスコミでは、二酸化炭素地球温暖化問題でも広い観点からの知見を取り込めず、福島原発の人災に端を発した放射能汚染や被害についても非科学的な危機感、放射能への不安感、被爆と被曝の等価性などの思い込みが先行した。

併せて、公務員比率が三〇％前後で消費税が二五％である北欧諸国を目標として、五％程度の公務員比率をまだ減らそうとする日本型行政改革のなかで、北欧並みの福祉国家を達成せよという魔法的言説も残っている。これらを総合的に見直さない限り、「日本ならきっとできる」「上を向いて歩こう」と繰り返されたテレビＣＭのような復興は進まない。

**愛他主義は長続きしない**

かつてバートンが行った重要な指摘に、「災害に遭遇したコミュニティに現出する利他的な部分、相互の同一視、社会的親密さといった規範は、必ず消えてなくなる」(Barton 前掲書：277)がある。これは火山爆発被災や地震災害研究からの経験則からも正しい面を持ってはいる。いずれ消えてなくなるのならば、繰り返し日常的に再生できる方法を探究するしかない（金子 2011a)。

バートンから三〇年後の研究でも、「災害はわたしたちに別の社会を垣間見させてくれるかもしれない。だが、問題は災害の前や過ぎ去ったあとに、それを利用できるかどうか、そういった欲求と可能性を平常時に認識し、実現できるかどうか」(Solnit 前掲書：431)とまとめられていて、日常的な愛他主義、コミュニティ、プロシューマー（生産＝消費者、トフラーの用語）、ボランタリズムの定着の困難性は変わっていない[14]。

日本復興再生のための人間集合力を結集して、最終的には解体した被災地の再生に不可欠なコミュニティづくりとコミュニケーション拠点の新設などを課題とするという観点を堅持しておきたい[15]。

たまたま二〇一〇年五月に全国知事会は、『「この国のあり方」について』を公表しており、日本全体が目指す政策の方向を(1)新たな社会基盤としての次世代の育成、(2)活動保障としての働く場づくり、(3)安心して生活できる環境づくり、(4)張り合いと潤いをもたらす絆づくり、を提唱していた（同右：21)。ここでの「絆づくり」はコミュニティであり、安心して生活する環境にコミュニケーション拠点は欠かせない。全国知事会の基本方針は復興再生においても十分活用可能である[16]。

この「絆づくり」も含めた「第一次集団の規範や全般的な社会的連帯といった規範には、特別の優先権を与えている」（Barton 前掲書：65）のは、アメリカだけではなく日本でも同じである。

## 3　自然再生エネルギーへの国民共同の疑問

**「再生エネルギーの利用促進」は簡単ではない**

ただし、復興会議の提言にある「再生エネルギーの利用促進」はそれほど簡単ではない。「再生エネルギー特別措置法」が結局政局の取引材料になり、十分な審議もせずに可決成立した事実は、今日の与野党の政治家資質を疑うに足る。法案の審議は産業社会と「国民生活の質」の根幹に関する電力供給についてのビッグピクチャーを描かないままであり、極めて拙速に事を運んだ印象が強い。

ここでは科学的な視点から、エネルギー供給と需要との適切な均衡を図りながら、産業社会と「国民生活の質」の今後を考えて、被災後に突如沸き起こった原発への不信感、反原発・脱原発・さよなら原発の切り札とされる自然再生エネルギーに潜む陥穽を明らかにしておきたい。

まずは、原発関連だけではなく科学技術環境知識すべての創出、伝達、利用の三側面からの検討のみが、その評価に不可欠であることを理解しておこう。ただし、今日の政治は環境政策形成における知識の創生、伝達、利用に関連する全側面に染込んでいる（Ascher, Steelman, and Healy, *op.cit.*：8）から、そこには作為や誤作為を必然化する土壌が生まれる。「労働者派遣法」、「郵政民営化法」、「再生エネルギー特別措置法」など、いずれも「国民生活の質」の観点からは疑問があり、国民の利益を損なう法律であるとみられる。

「再生エネルギー特別措置法」に関して、知識の創生、伝達、利用という視点からいえば、国民は三カ月にわたる放射能汚染や拡散というマスコミの意図的な情報操作にさらされてきた。この動向から放射能情報の伝達面に関しての問題が理解される。

### 世論調査の結果

たとえば、日本世論調査会が六月一一日一二日に全国の有権者を対象として、層化二段無作為抽出法によって訪問面接した結果から、いくつかの傾向が分かる。なおこの調査での対象者は三〇〇〇人であり、全体の有効回収は一八五三人（六一・八％）となり、有効回答者のうち男性が四八・九％、女性が五一・一％であった(17)。

質問項目のうち「直ちにすべて廃炉」が九・四％、「定期検査に入ったものから廃炉」が一八・七％、「電力需要に応じて廃炉を進める」が五三・七％になり、「原発廃炉」に含まれる合計比率は八一・八％に達した。すなわちこの脱・廃原発派は、「現状維持」派一四・一％と「わからない・無回答」層四・一％を大きく引き離したことになる。

それを受けて、今後の重点的エネルギー分野を二つまで回答してもらった結果は、「太陽光や風力など再生可能エネルギー」に八四％の支持が寄せられ、水力が四五％、天然ガスが三一％になり、原子力は七％、石油四％、石炭四％というものであった。

この調査結果は「三・一一」から三カ月後の国民意識を具体的に表わしている。複数のテレビや新聞による解説も、自社の節電方法は全く示さないままに、この方向を容認していた。しかしそれらを踏まえて、過剰なまでに期待が大きくなった自然再生エネルギーへの讃歌内容を点検すると、そこには留意しておきたいところが複数認められる[18]。

**人災になった福島原発事故**

今回の地震津波による福島原発の被災は、当初は自然災害だったが、その後の推移を見ていると、「人災」の側面も大きい。正確な事故情報を速やかに公開しなかったことからも、原発による放射能汚染への不信感が増幅された。その延長線上に自然再生エネルギーへの讃歌がある。

被災から二カ月が経過したころから、全国の反原発や脱原発の市民運動では、「子どもを放射能から守れ」「さよなら原発」「原発卒業」「原発お断り」「すべての原発止めよう」「原発なくてもええじゃないか」などのスローガンが掲げられるようになった。そしてテレビも新聞も大半がそれに迎合した内容に切り替えられた[19]。

結果的に、世界で唯一の被爆国という歴史的国民心情に、福島原発による放射能被曝や放射能汚染という現状が融合した。その結果、(1)原発事故の影響は甚大で、現在だけではなく未来も破壊する。(2)そもそも不完全な人間が作り出す技術は、普遍的に不完全だ。絶対に安全な技術など存在しない。(3)したがって、私たちは勇気を持って原発を手放さなければならない、というような「三段論法」風の考えが広がってきた。三カ月後の全国調査で明らかにされた国民意識は、この状態にあると考えられる。

ただし、新幹線や深海探索さらにリニアモーターカーや宇宙開発にも絶対安全な技術はないはずだから、原発以外のこれら大型工業技術も手放すべきか。これらの賛否はおそらく拮抗するはずだから、なぜ原発のみの全否定になるのかの理由を、主張者は明示する責任がある。

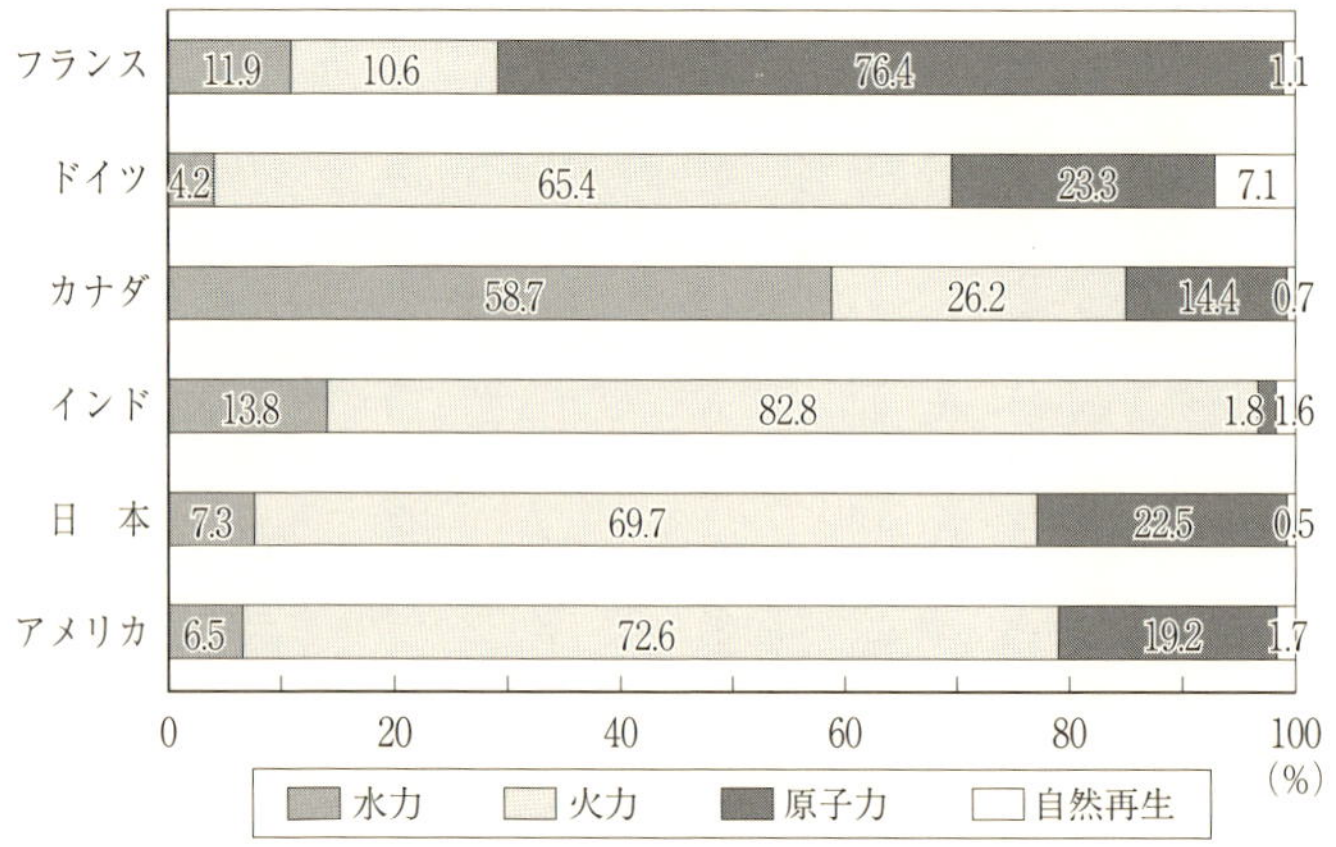


**図 2－2**　総発電量内訳国際比較

（注）　2008年の総発電量．矢野恒太記念会編『日本国勢図会 2011/12』（第69版）2011：135.

## 総発電量内訳の国際比較

もちろん原発分の電力を拒否したら、現在量の七五％の電力しか使えないことを日本国民が合意できれば、原発全廃も構わない。

ただし発電源の国際比較をすると、その国が置かれた地質的構造や経済条件に左右されていることに気がつく。総発電量内訳を国際比較した図2－2をみて、どの国が理想的な発電源構成にあるかの評価は困難であろう。日本の場合は電力資本、大手建設資本、重電機メーカー、歴代の自民党政権などの意向に沿った内訳になっている。しかし、山岳地帯を多くかかえ、水力資源が豊富なカナダでは、二〇〇八年でも実に六〇％近くが水力発電なのである。対照的に途上国であるインドでは、八〇％を超える石炭中心の火力が主力となっている。しかも地球温暖化論では、大気中の二酸化炭素排出量の元凶に数えられている。

アメリカと日本は、水力でも火力でも原子力でも近似的な傾向にある。他方、同じ高度資本主義国のフランスは八〇%に近い原発発電率を示す。フランスは世界一の原発国であり、余剰電力を隣接するドイツ、スペイン、イタリアなどに輸出さえしている。フランスでの電力は輸出商品なので、余力ある発電量を確保するには原発が最適であると判断しているのであろう。ちなみに二〇〇八年では総発電量五四九一億kWhのうち、輸出分は四八〇億kWhの（八・七%）になっている（フランス大使館 2011）。

その一方で、ブドウの生産に象徴される農業国でもあり、それを原料とするワイン生産という食品加工業にも熱心である。しかし、発電率が八〇%に近い原発による風評被害はこれまでのところ伝わってこない[20]。

火力と原子力の比率からすると、ドイツの発電源も日本に似ているところがある。日本とドイツを比較すると、水力発電の格差が自然再生エネルギー発電の格差に転化していることが分かる。ただし日本では、ドイツがフランスからの電力輸入国であるという事実には触れない議論が多く、ひたすらドイツの風力発電比率の高さを称えることに終始するような紹介が目立つ。この方式はフランスからの原発による電力輸入はそのままで、国民投票で脱原発を決定したイタリアへの讃歌と同じである。

**原発電力を輸入するドイツ、イタリア**

隣国フランスの原発に依存しながら、自国の自然再生エネルギーを強調するドイツや脱原発を決定したイタリアの事例は、今後の日本における発電問題の判断素材にはなりえない。日本では地形の点からも電力は輸出輸入される商品という位置づけが不可能であり、自給自足するほかに道はない[21]。

気がかりなのは、福島原発事故以来全国で増加した脱原発の提訴や原発反対運動では、完全な脱原発のあとの電力源と電力量は必ずしも鮮明には描かれていない点である。文脈からすれば、国民意識に見る脱原発による二五%減少分を穴埋めする代替エネルギー源として、希望的な観測のなかで地熱、太陽光、風力などの発電増加が、環境との共生を名目に期待されている印象をうける。これは「再生エネルギー特別措置法」が成立しても事情は変わらない。

原発依存からの脱却を目指し、風力や太陽光による発電を次の時代の基幹的エネルギーにしようという法律は、時の首相がそのブログで「自然エネルギーによって発電した電気を固定価格で買い取る制度ができれば、風力や太陽光発電は、爆発的に拡大する」と断言したところから与野党の駆け引き材料となった(KAN-FULL BLOG のお知らせ、二〇一一年六月七日号)。

加えて、これに同調するかたちでマスコミでも、原発は大きなリスクをもち、コストが非常に高いから、速やかなエネルギー転換の「覚悟」を求める論説が後を絶たない。しかし、電力は国民生活や産業活動に直結するために、「覚悟」という精神論の次元には止まれない。またそのような主張を繰り返す新聞社や放送各社が、原発分の電力使用を控えた実績は今のところは皆無のようである。

### 無条件信仰としての風力発電讃歌

この風力発電向けの土地利用計画が白紙のまま、地球には人間が必要なエネルギーの一万倍の太陽光が降り注ぐので、太陽光や風力で賄える可能性は十分あると高唱するだけでは何も進まない。そのうえ反原発の主張者の一部には、発電規模や価格や電力品質を無視して、無条件信仰としての風力発電讃歌さえ存在する。かつてのリサイクル運動と同種の心情がそこには存在する。

多少割高でも、ペットボトルや古紙を再生して、新しい商品の一部にするというリサイクル運動者の主張と風力発電讃歌には類似性が認められる。そして繰り返される仮定法、すなわち政府の補助金があれば、割高な電力料金を国民が受け入れれば、太陽光パネルの導入や風車の建設が進むはずであるという仮定法による議論は無意味であり、一〇〇〇兆円に達した未曾有の財政赤字の国での指針にはなりえない。なぜなら、政府補助金とは税金だからである。

借金まみれの国が、不明瞭な二酸化炭素地球温暖化対策費として長い間毎年一兆円以上の予算を投入してきた事実を想起しておこう。特に京都議定書発効からの五年間では政府と都道府県市町村自治体の合計は毎年三兆円、民間企業の一兆円を含めると、五年間で二〇兆円もの税金が無駄になってきた。

将来に向けての仮定法による称賛しかない風力発電は規模が小さすぎるうえに発電量の変動も大きいので、恒常的で安定した電源としては全く不向きである。二酸化炭素地球温暖化対策と風力発電への支援策を見る限り、初期の公害問題を扱っていた環境庁から変質した環境省の政策には疑問が多い。

もし本気で原発分の発電量二五％減少分の代替エネルギー源として風力発電や太陽光発電に期待するならば、まずは施設立地のための土地取得費用と利用、さらには電力品質の問題を優先的に解決しておきたい。

総合的な自然再生エネルギーの現状を確認するところからその糸口を探ると、二〇〇九年度総発電のうちそれら合計は六五億kWh（全体の〇・六％）であり、今後に期待が集まる風力発電は三六億kWh（〇・三％）に過ぎなかった。仮に自然再生エネルギーを一〇年後に二〇倍にする計画を立てるなら、風力発電も七二〇億kWhへの増加となる。このためにはどれだけの土地が必要かという論点は各界で皆無であった。

### 風力発電の顕在的・潜在的逆機能

しかも自然再生エネルギーとしての風力発電では、その顕在的・潜在的逆機能としての騒音と振動による人体への影響、生態系の破壊、土地利用の非効率性などが完全に無視されてきた。

日本でよく使われる七二mの高さをもつデンマーク製風車タワーの羽根の長さは四一mであり、回転すると直径が八二mになるから、最低でも正面からは九〇mの敷地が要る。横がその半分としても四〇mの敷地が必要であり、合わせて九〇×四〇＝三六〇〇㎡の敷地面積を必要とする。

二〇一一年一月現在で一八〇〇基ほどの風車が回っているので、すでに六四八万㎡の敷地を使っていることになる。この二〇倍であれば三万六〇〇〇基となり、敷地面積の合計は一億二九六〇万㎡に拡大する。これは一二九・六㎢になる。海岸線に並べると、一二九六㎞×一〇〇m（〇・一㎞）の広さと風車一基当たり二一六トンの重量に耐える土地が必要になる。

このような土地面積を考慮すると、二〇倍もの風力発電施設の新規立地はたちまち難問になる。風車発電施設は北海道、東北、北陸などの日本海側の過疎地に作り、そこで発電された電力は人口が集中している東京や大阪の大都市圏に送るという構造では、これまで五〇年間の原発の歴史と同じである。日本国内の電源に関する南北問題の構図は不変だから、これを環境との共生と呼ぶことは可能か。

風力発電には各方面からの期待が寄せられているが、その実現のためには土地問題と電力品質問題に関して正面から向き合う思索が必要であり、そこから具体化可能な日本再生計画ができる(22)。

加えて、風力発電は一定の発電量を常時維持できる地熱発電システムとは異なる。また発電量の増減や発電時間が制御可能な火力発電や貯水式水力とも違い、風力発電ではその発電量を人間は制御できない。一時間後の発電量予測さえ困難である。とりわけ電力需要が極大値を示す「サマーピーク」と呼ばれる七月や八月の午後一時から四時の時間帯には、ほとんどの風力発電が機能し得ないという事実がある。なぜなら、猛暑時には風が吹かず、風車の回転がないからである。

### 電波障害と騒音被害

そのように気象条件に左右され、稼働率が低く、出力も不安定なうえに、すでに訴訟も起こされている風車による電波障害、騒音被害、渡り鳥の衝突死（バードストライク）、景観権の侵害などをどのように解決するのか。周知のように、風力発電に伴う悲惨な報告としては、⑴夜眠れず、やむなく車で風車から離れた場所まで移動して車中で寝ているという「風車難民」が指摘される。また、⑵苦労の末に手に入れた我が家を捨てて引っ越しせざるをえなくなった家族の存在がある。⑶振動や騒音障害により、毎日病院通いになった高齢者の生活がある。

とりわけ人体被害の危険性はその低周波音（一〇〇ヘルツ以下の音の総称）にあるといわれる。人間が聞き取れる音域は二〇～二万ヘルツであるが、二万ヘルツ以上の高周波が人を心地よくする効果を持つのにたいして、低周波は頭痛や不快感や圧迫感を増すことが多いとされてきた。また遠くまで伝わりやすいため防音工事の効果が認められない。

札幌市に隣接する小樽市銭函地区では反対運動が続いているし、千葉県南房総市、愛知県豊橋市、静岡県湖西市、熊本県水俣市などの風力発電計画はこのような理由のために断念か中断に追い込まれた。そして、日本生態学会が反対声明を出したように、風車近くの野生生物への影響が大きく、生態系が破壊されるという事実も無視できない。

## 日本生態学会の反対声明

日本生態学会では、小樽市での風力発電事業計画の中止をもとめる要望書を二〇一一年五月一二日に北海道建設部に提出した。建設予定地の石狩海岸では貴重な野生生物や植物の生態系が維持されており、整地の上で風車が建設されれば、その生態系が破壊されるからである[23]。

各地で裁判中のそれらを含めて考慮すると、現段階における自然エネルギーとしての風力発電の二〇倍増が、いつまでにどの地域で可能であるか疑問を覚える。東京や大阪では不可能だから、過疎地域を選んで風車タワーを設置するのでは、抜本的な解決にはなりえない。深夜の風力発電分を買い取っても、誰も使わないのに高いコストだけ残る。冬の夕暮れには太陽光発電もできない。

「三・一一」のあと、福島原発の被災とその後の対応のまずさから、既述した国民意識調査結果のような原発全廃派は勢いを増している。二〇一一年四月の統一地方選挙結果では反原発派候補の当選は伸びなかったが、マスコミレベルでは、地熱、風力、太陽光、潮力などの自然再生エネルギーへの期待は依然として大きい。

## 国民共同の疑いに答えられるか

電力に関連する多くの「国民共同の疑い」は、結局はどのような解決が望ましいのかに収斂する。もちろん、原子力から風力へというだけでグリーンやエコは成立し得ない。なぜなら、風力発電施設には重電、造船、エレクトロニクス、鉄鋼、土木建築、セメント産業の参入が原子力発電と同じように不可欠だからである。とりわけ陸地の手狭さを理由に一部で構想中の「洋上風力発電」などは、グリーンでもエコでもない重工業の極致にある施設である。

### 洋上風力発電は重工業的コストがかかる

いくら「無限成長型・拡大型システム」ではなく、サステナビリティが重要だといっても、「洋上風力発電」は巨大工業社会システムの一部に位置づけられる。発電量の増大は経済力の向上を伴う社会成長を促し、それによって成長する産業が増加することは社会発展の原動力である。「洋上風力発電」は、パネル設置を軸とする太陽光発電とは異なる装置型の重工業としてのエネルギー源である。もっともパネルの製造もまた決して家内工業や軽工業ではなく、ビッグビジネスとしての重化学工業の一部を構成する。

さらに建設時点で細心の注意を払ったはずの防潮堤をもった臨海型原発でさえも、今回の大津波に無力だったことを考えると、「洋上風力発電」施設の大地震・大津波対策は可能なのか。既設の送電線への接合に伴う費用や維持コストはどうか。元来風力発電自体元来が割高な発電コストをもっており、それに「洋上風力発電」では重工業的な導入コストが重なり合うことを明記しておきたい。

#### 発電費用

電気事業連合会資料（二〇〇九年度）によれば、エネルギー別発電コスト（円／kWh）は太陽光四六・〇円、地熱一五・〇円、風力一四・〇円、水力八・二円、石油火力一〇・〇円、天然ガス火力五・八円、石炭火力五・〇円、原子力発電四・八円になっている。ただし、原子力発電四・八円には異論が多い。異論の筆頭は、原発には投入される税金として特別会計があり、同時に一般会計からの支出も加えると、原子力発電コストは一〇円を超えるというものである。原発の電気系統や安全系統の機器は一基につきモーター五〇〇個、計器九〇〇〇個に及ぶので、点検箇所が多い分だけ、なんでもない箇所まで触りすぎてかえって状態を悪化させ、その分の支出が増加するといわれるが、ともかく法定三カ月点検は不可避である。

たとえコストがかかっても、再生エネルギーは二酸化炭素を出さないクリーンなものだから、導入コストや継続的コストが高い分は政府の支援で乗り切り、規模が大きくなるまで支援を続けるべきであるという主張も一部には存在する。原発にはすでに同じことが数十年行われており、政府による支援を批判する声は少なくない。しかし、風力や太陽光発電に税金を優先的に回すのであれば、結局は原発と同じ特別扱いになるのだから、納税者としての一定の合意が前提になろう。しかも世帯あたりの電力料金は確実に倍増する。

### 電力弱者が発生する

たとえば、環境エネルギー政策研究所の試算では、太陽光発電の初年度買取価格と期間は三五〜四〇円で二〇年間、陸上風力発電は二〇〜二五円で二〇年間、洋上風力発電は二五〜三五円で二〇年間、地熱発電では二〇〜二五円で二〇年間などになっている（ホームページから）。これらは電力弱者の発生を予感させる料金体系であり、現今の社会正義を確実に破壊する。

### 合意形成の条件

合意形成には、参考とされるドイツやイタリアがフランス原発からの電力輸入国であるという簡単な事実までも公開したうえで、議論を煮詰めるしかない。一方的な情報のみでは判断できない。

さらに、自然再生エネルギーを強調して、反原発を推進する場合、自治体やその住民に直接支払われている原発関連の補助金交付金にも目配りしておきたい。なぜなら、電源三法（電源開発促進税法、特別会計に関する法律、発電用施設周辺地域整備法）によって、現在では毎年一一一〇億円に上る「電源立地地域対策交付金」をはじめとする交付金が、原発が立地する自治体や住民には出されているからである。

とりわけ、これらの交付金は二〇〇三年から運用が緩和されて、原発立地の自治体への交付金は、公共施設や道路整備だけではなく、光ファイバー網整備、高齢者福祉サービス、子育て支援なども含むようになった。直接交付もあり、たとえば、福島第二原発に近い双葉町や大熊町では年間一万円が全世帯に配布されてきた。

同時に原発がある一三道県は原子炉に挿入された核燃料を対象とする「燃料税」を電力会社に課税して、事故発生時の避難路や港湾整備に充当している。一九七六年には福井県で五％の燃料税が導入され、その後残りの道県も追随して、現在は北海道の燃料税が一二％になったように、すべての県で一〇％を超えている。交付金の実態への配慮がない「巨大技術批判」や「自然再生エネルギー讃美」や「ドイツ讃歌」だけでは、日本の現状を変革させるための実りある議論とはならない。

**節電は二酸化炭素排出削減とは無関係**

加えて、地球温暖化対策論で常套手段となってきた「節電が二酸化炭素削減になる」というロジックは、もはや止めにしたい。なぜならまだこれを使用する論者がいるからである。たとえば「関西圏の住民や企業が節電に励むことは二酸化炭素排出削減に寄与することは確かだ」（佐和 2011）という主張は全く誤りである。なぜなら、節電は発電そのものには影響をしないからである。節電によって電気料金は下がるが、発電所の日常的発電量は節電によっては影響されない。

もちろん火力でも原子力発電でも総発電量を落とせば、確実に化石燃料の使用が少なくなるので、二酸化炭素は削減される。しかし、発電量が同じであれば、住民や企業がいくら節電に励んでも、二酸化炭素の削減効果はありえない。したがって、「温暖化の抑制も、原子力発電の抑制も、同時に追求しようとするのが倫理的な態度である」（長谷川 2011a：396）という主張は成り立ちえない。なぜなら、クライメートゲート事件を黙殺しながらいくら二酸化炭素削減による温暖化抑制を主張しても、それは不毛の議論にしかならないからである。この誤った議論を「地球温暖化」対策論者はいつまで続けていくのだろうか。

## 4　人間集合力とコミュニティの探求

### 人間集合力を活かす

電力エネルギー関連に次ぐ第二の復興再生課題としては、解体した被災地における人間集合の再生としてのコミュニティづくりがある。被災者を含む被災地全体の構成員への無限配慮を特質とする社会学におけるコミュニティ論と、社会システム論を基礎とする社会計画論の融合により、実態として何が見通せるか。

理論と現実との両面から災害復旧復興過程を概観すると、外的な自然力が人間社会を襲うことを踏まえた具体的処方箋は、被災地内の人々と全国からの支援者が行う社会復興再生活動を軸とせざるをえない。ここではこれを外的ストレスに対処可能な「人間集合力」と総称する。これは世界からのそして日本全国からの精神的支援、物質的支援、金銭的支援、人的支援などの複合による、コミュニティづくりを取り込んだ人間集合再生活動になる。確かに「選択的文化目標は、社会的文化的体系を安定化させる基礎を与える」（Merton　前掲書：170）ことは事実である。

理論社会学からのコミュニティの地域関連機能は、⑴生産―分配―消費、⑵社会化、⑶社会統制、⑷社会参加、⑸相互扶助に分類され、これら全てが都市においても村落でもコミュニティの主要な機能とみなされ、しかも相互に緊密に結びついた状態にあるとされる。それはコミュニティの社会システムと表現された（Warren 1972：135-166）。

**コミュニティの機能論応用**　この五分類を用いれば、家族はすべてに関連するとしたうえで、
⑴生産―分配―消費には、産業構造、職業構造、職場、働き方
⑵社会化には慣習・習慣・伝統の機能、学校教育、生涯学習
⑶社会統制には治安、近隣、リーダーシップ、社会統合の問題
⑷社会参加には交通、通信、ソーシャルキャピタル、社会的支援
⑸相互扶助には医療、福祉、介護、ボランタリー・アクション
などが該当する。これらの機能は、空間的な構造要素として団体や機関が担い、その開放された活動によって、被災者やその他の構成員に対してさまざまなサービスが提供される。

あるいは、ラファエルがまとめた七つの基本問題、すなわち⑴人命の保全、⑵基幹的公共サービス（電力・情報・通信の回復）、⑶治安・秩序の管理、⑷社会的まとまりの維持、⑸経済活動の回復、⑹応急的福祉・救済対策の実施、⑺休養・余暇の確保でもかまわない（Raphael 前掲書：454）。

被災地での復興再生過程において、コミュニティ機能のどの組み合わせが被災地独自の復活強化につながるか。その基本は個人間の親しさに支えられた地域社会の人間集合の目標共有と協働の存在にある。なぜなら、社会システムは成員がもつ諸役割の遂行によって機能の維持を果たすからである。

すなわち、日本全体の社会システムの復興再生は、部分としての東日本被災地でのコミュニティ過程（物流、都市装置、情報基盤）を優先して、コミュニティ構造（人の配置、人の移動、支援の社会制度）を新し

く作り直すところから始まる。その意味でコミュニティの復興過程とは、電力を筆頭とする適切なエネルギー供給から始まる仮設住宅づくり、個人住宅の復旧と新築、物流基盤、道路、港湾、学校、工場、病院、福祉施設などの社会的共通資本の復興や新設するだけには止まらず、仕事を通した人間集合内の役割配置とコミュニケーション基盤の創造を指す。

## 被災者がもつソーシャルキャピタルへの配慮

その後には、被災者がもつソーシャルキャピタル面での喪失に応じた処方箋の実行がある。家族、仕事、学業、近隣関係、友人関係などの喪失は心の傷害に至ることが多いから、被災者に対して仕事面、家族面、友人関係面、近隣関係面などの支援とともに再起のための役割配分が求められる。

併せて、近未来に関東や東海で想定される類似規模の大震災と大津波への備えとして、被災者の救出、復旧、復興、再生にかかわった行政、警察、病院、福祉施設、消防、自衛隊、企業、NPO、ボランティア活動者が果たした機能の適切な評価を行いたい。この調査結果を通して、既存の社会資源の活用、コミュニティ創造、高齢者支援に応用できる成果が得られるだろう。しかもそれらは、私が作成した表2-5の重点的課題に対する解答ないしはヒントをもたらす。

具体的には、被災者の家族、仕事の関係、友人、近隣などのソーシャルキャピタルをどのように確保するか。また、とりわけ被災した高齢者への社会的支援は自治体による公助だけではなく、むしろ、「生きる喜び」に直結する身近な人間関係を軸とする共助や互助もまた有効である。それらは被災者の生きる力を高め、QOLの維持に寄与する。さらに緊急時の社会システムには、機動性を創りだすための人間行動の組織化が優先される。

**表２－５　復興再生過程の重点課題**

| |
|---|
| (1)　個人：生命と健康の維持をどうするか |
| (2)　個人と家族：苦痛，暑さ，寒さ，湿気，疲労，乏しい食物，これらからの不快感をどう除去するか |
| (3)　個人と家族：行動，運動の制限にどう対処するか |
| (4)　個人と家族：仕事，職業，財産，手持ち現金，経済的な生存維持手段をどのように獲得するか |
| (5)　コミュニティと行政：ライフラインの復旧をいつまでに行うか |
| (6)　コミュニティと行政：他者からの嫌悪，拒絶，差別の緩和方法をどのように周知するか |
| (7)　コミュニティと企業：生産，流通，販売拠点の確保をいつまでに行うか |
| (8)　コミュニティ：孤立防止，連帯感，相互扶助，相互鼓舞の共有をどのように行うか |
| (9)　中央政府と自治体：復興理念と財源の手当てをどうするか |

### 人は良薬である

調査結果と既存の成果を融合させて、「人は良薬である」を明らかにして、被災者への社会的支援に結実させる第一歩として、子どもも高齢者も含んだ全世代の被災者のための新しいコミュニティの創造が課題となる。

この「サービスシステムとしてのコミュニティ」（金子 1982）は私が社会学界デビューして以来の持論であり、今日では「総合地域福祉サービスシステムの一部であり、地域性が濃厚な社会的ネットワークのなかで一定数の成員が相互扶助で創りあげる関係の様式である」と位置づけ直している。

ここにいうサービスは、個人間と集団間および個人と集団との間の交流から形成され、支援の主体にも客体にも利用される。そこではコミュニティ論の通説と同じく、対面性、選択性、親密性を基本とした成員間の結合関係があり、老若男女の成員は感情的絆で結ばれていて、「われら性」（we-ness）をもっている。すなわち、一人は全員でもある。成員の個人意識とコミュニティ意識は区別されつつも融合している。

重要なことは、どの組み合わせが地域社会復活再生にもっとも寄与するかという判断である。その前提には費用の裏づけと復興過程の責任者の明示が欠かせない。ただし「災害に遭遇したコミュニティに現出する利他的な分与、相互の同一視、社会的親密さといった規範は、必ず消えてなくなる」（Barton 前掲書：277）のだから、それらを再生する試みもまた併行することになる。

同じ表現はラファエルにも認められる。「被災当初の積極的感情にあふれた愛他的で治癒力のある社会は、その機構体系が災害のもたらした長期的な影響に対応せざるをえなくなるにつれて、より消極的、幻滅的な反応を示すようになる」（Raphael 前掲書：461）。

**集合的な目標の共有と協働**

そのような特質を内在化させたコミュニティの創造には、個人間の互いの親しさだけではなく、人為的で集合的な目標の共有と協働こそが肝要である。また、社会システムは諸役割の遂行によって機能的成果を確保するから、役割の遂行はシステム過程から始まりシステム構造に及ぶとみられる（金子 2000）。

調査結果と既存の成果を融合させて、被災者への社会的支援に結実させる第一歩として、子どもと高齢者も含んだ全世代の被災者のための新しいコミュニティの創造が課題となる。この段階の先行研究の成果として、「災害によって地域社会の団結は強まり、対立抗争は弱まる。まず何をすべきかが明確になり、愛他心と希望の高まりと再生への推進力が生まれる」（Raphael 前掲書：457）は有益であろう。

**高齢者の孤独死・孤立死回避策を**

阪神淡路大震災の復興過程では、地震被災から免れた高齢者の孤独死・孤立死が目立った（似田貝編 2008：60–61）。「三・一一」からの再生過程では、この貴重な経験に学び、郵政民営化の見直しによって取り込みたいのが郵便局などを活用した情報化地域福祉拠点造りである。これは互いに勇気づけ、信頼し、援助しあうものであり、「三・一一」で被災した高齢者にとっても希望の源泉となる。なぜなら、高齢者を含む被災者全般にとっては、コミュニケーションによる相互鼓舞こそが支え合いの基盤になるからである。

そして、災害に強い日常的な地域コミュニケーションは宅配便ではなく郵便配達からもたらされる。過疎地「ひまわりサービス」の伝統をもつ郵政外務職員による地域住民との日常的な接触密度の濃さが、その信頼性を生むのである（金子 2011b）。

一時避難所になった体育館で暮らす高齢被災者宛の支援物資や手紙などを本人に直接渡せるのは、互いに顔見知りの郵政外務職員である。こればかりは宅配便業者は太刀打ちできない。一時避難所に出向いた宅配便業者が、同じところにいた郵政外務職員に対象者の特定化を依頼することは珍しくない。その意味で、高齢社会におけるコミュニケーションによる相互鼓舞の機能では、宅配業ではなく郵便業務に軍配が上がる。

**職業的シンボルへの社会的信頼効果**

ここにはいわゆる職業的シンボルへの社会的信頼効果が読み取れる。郵便配達の外務職員、消防団、警察、自衛隊、医師、看護師などの制服には、被災者からの承認と信頼がある[24]。

さて、被災した高齢者も含めてこの層に属する人々が積極的に自らの生活を維持する条件としては、(1)できることは最初にやる、(2)シンプルにする、(3)毎日を楽しむ、(4)コミュニケーションを保つ、が指摘されてきた（Vaillant 2002：307）。このうちのコミュニケーションを保つには、身近な仲間との接触とともに、遠方の友人とのメールや手紙や特産品のやり取りなどが含まれる。

目に見える有効な働きとしての郵便、貯金、保険業務とともに、目には見えにくいが確実に存在するコミュニティにおけるコミュニケーション機能も郵便局は果たしてきた。これによって生み出される「安心機能」は「少子化する高齢社会」では不可欠であり、市場原理下の「民」では到底肩代わりができない。

### 情報機器の積極的活用

非市場化原理とともに、日本復興再生にとっては、コミュニティレベルにおける情報機器の積極的活用がある。情報機器は高齢者を含む地域支援事業にも有効である。先端事例として、二〇一一年四月から始まった福岡県豊前市などでの情報化安心確認システムがある。

このシステムでは、一人暮らし高齢者宅にセンサーを設けて、「外出ボタン」が押されないままに、八〜一二時間、センサーによって人の動きが感知されなければ、信号が豊前市の京築広域圏消防本部のサーバに送信される。そこから登録済みの近親者や民生委員のメールに、安否確認の依頼がなされる。そこでの情報拠点は消防本部であり、町内会がもつ公民館であり、社会福祉協議会であった。

これに加えて、都市部の直営郵便局のうち中央局だけでも、このような福祉情報拠点化への取り組みができないものか。なぜなら、郵便局、小中学校、公民館・コミュニティセンター、交番、消防署などは日本の地域社会の優良資産であり、これらをネットワーク化したうえで地域福祉拠点を造ることは、「三・一一」の被災地における高齢者の安心機能を高め、コミュニティづくりにも効果があると考えられるからである（金子 2006b）。

### 見守りは安心を与える

二〇一一年四月八日の全国知事会「社会保障制度改革と地方の役割」では、「単身・高齢者のみの世帯など地域で孤立するおそれのある高齢者にとっては、介護保険サービス（予防給付）のみならず、配食や見守りといった日々の生活を支えるサービス（地域支援事業）が必要である。こうしたサービスを充実することによって、自宅での生活の継続が可能となる」とのべられている。「見守りは安心を与える」と全国知事会さえも注目している。

市場原理一辺倒だけで、少子化、高齢化、総人口の減少という「少子化する高齢社会」を乗り切れるとは思われない。とりわけ「三・一一」からの再生には、市場原理だけが有効に作用することはありえないので、今後の計画実践では、国策としては郵政民営化の本格的見直しを契機として、社会システム全体における市場化と非市場化の間でのバランスの速やかな回復を期待し続けたい。

それには迂回路はなく、学問の力を借りながら正道を歩むだけである。なぜなら、イデオロギー思考はこの数年に及ぶ政局に象徴的なように、大震災後の現実の背後に存在する事実を旧式化した概念で誤解する危険性をはらみ、ユートピア思考は自然再生エネルギーへの過大なそれゆえの現実離れが甚だしい将来的願望だけをのべるに止まるからである。

停滞打開の手掛かりとして依拠する社会学理論は、アノミー論とコミュニティの創造論と社会システムの再生理論である。社会学におけるアノミーは無規制状態をさす。デュルケムがギリシャ語 anomia（無秩序）を復権させ独自に使用して以来、重要な社会学概念になっている。マートンは「文化構造と社会構造がうまく統合されないで、文化構造が要求する行為や態度を社会構造が阻んでいるとき、規範の崩壊、すなわち、無規制状態への傾向が生ずる」（Merton　前掲書：150）とした。

「三・一一」で住居を失い、仕事を奪われ、家族を亡くした被災者は被災地域の社会構造における自らの位置が見当たらない。習慣も伝統も慣習もしっかり保持しており、精神的にはそれまでの文化構造と密着してはいるが、社会構造が完全に崩壊したなかで伝来の文化構造を保有することは、被災者個人では不可能である。そこには個別的な不安や悩みや絶望なども生まれやすい。

### アノミー指標

それらを包括的に理解するために、アノミー指標、すなわち powerlessness（無力感）、meaninglessness（無意味感）、normlessness（無規範性）、isolation（孤立感）、self-estrangement（自己疎隔感）が独自に開発されている（Seeman 1959）。

私はやや分かりにくい self-estrangement（自己疎隔感）よりも hopelessness（絶望感）を使うが、ともかくこれらのいくつかが融合して、被災者個人もその地域社会も襲う。社会システムへの急性アノミーへの対処も肝要である。

最小限、被災者の「無力感」と「絶望感」、そして被災地の「孤立感」を打ち消すような政策的対応と社会的支援が必要であろう。これらを放置しておけば、被災者個人も被災地も後ろ向きになってしまい、本来もっている自力復活志向が弱まる。

### 生態学のロジスチック方程式

ここで生態学のロジスチック方程式、

$$S=F(x_1 ..... x_n)-m/r$$

$S$：社会システムの包容力　$F(x_1 ..... x_n)$：社会的コミュニケーション

$r$：出生　$m$：死亡

を活用して、問題を整理してみよう。

復興期には$S$が上昇することが望ましいから、仮に$F(x_1 ..... x_n)$が一定ならば、$m/r$を小さくしたい。

そうすると、$m/r$が小さくなるには、

(1) $m$が一定ならば$r$が大きい場合

(2) $r$が一定ならば$m$が小さい場合

が指摘できる。同時に、

(3) $F(x_1 \ldots\ldots x_n)$が大きくなれば、社会的コミュニケーションは増大する。

これらを組み合わせれば、社会システムの包容力（$S$）を増大させるには、経済と文化をはじめとする社会的コミュニケーションである$F(x_1 \ldots\ldots x_n)$を拡大させ、出生を増やし、死亡を減らすことがベストになる。乳児死亡率を下げ、増子化を心がけ、自殺や交通事故など社会死を減少させる工夫が$S$の上昇に有効である。この意味からも、日常的な増子化へ向けた少子化対策と健康長寿者の増加支援の重要性が明瞭になる（金子 1998：2006a：2007）。

**社会的コミュニケーション指標項目**　社会的コミュニケーションとして「$x_1$」に具体的に想定できるのは、土地、労働、資本、組織のイノベーション、「$x_2$」組織の投資、「$x_3$」組織の雇用力、「$x_4$」交信情報量、「$x_5$」国民の消費、「$x_6$」社会移動その他である。これらはすべて社会科学の範疇に収まるから、社会学と経済学の有効性があらためて指摘できる。

加えて国家の究極的な本質として、「ある共通の事業によってみんなで共同して生きる計画であり、もう一つは、この魅力的な計画をすべての人が支持する」（Ortega 1930＝1979：532）という政治学の視点を活用したい。日本政府は世論の最大公約数が支持する「復興支援再生計画」を速やかに作り上げて、実行する義務がある。

国家はひとつの行為体系

なぜなら、国家はひとつの行為体系であり、協同作業のプログラムであるからである。大震災からの復興再生を考えるうえで、この定義ほど適切な内容はない。費用と期間と人的資源を軸とした論点を国民全体で熟議して、速やかに決定を行い、具体的な行動を開始したい。政治の本質は、好機を逃さずに、時代の要求を認識するところにあることが、「三・一一」復興過程で本格的に試される。

ここでは口当たりのよい「生活優先」や「国民目線」などは無力であり、復興再生には役に立たない。もっと包括的で専門的な考察と判断が望ましい。東北復興にも日本全体の再生にも、コミュニティ計画理論でいわれる「区別はするが、等しく対処する」という大原則で望みたい。

パーソンズの「共通の価値パターンを分有することは、義務の履行にたいする責任感を伴い、共通の価値へお互いに指向する人びとのあいだに連帯を生み出している」(Parsons 前掲書：47) に示されているように、社会システムは共通の価値を保有することで連帯が維持されるから、東北復興や日本再生という共通価値が全国民に深く浸透すればするほど、社会システムの再建もまた進めやすい。日本はきっと復活する」という価値の内面化が壊れたら、復興を目ざす社会システムは維持できない。この一般的目標の共有では、何をなすべきかそして誰とするのかという二つの判断が必須であり、これらの存在が復興再生過程の基本要件になる。

その意味で、協同作業のプログラム策定の際には、全世界が驚き注視した、寡黙ではあるが秩序正しさと勇気を軸にもつ国民性を基盤にしたい。「日本人は歴史的に、数えきれないほどの自然災害を乗り越えてきた。そして常に目を見張るほどの忍耐力を見せてきた」(ボナンノ 2011：22)。この秩序と勇気を活力源にした復興支援活動の順序を正確に決定しよう。

### トリアージの試み

最初の手がかりは、人間集合力によるコミュニティレベルでの復興再生になる。そのためのトリアージを含む最小限の論点は以下の通りである。トリアージとは、被災者（ill, sick, injured person）の深刻度に応じて、支援の優先順位をつけることを意味する。

(1)いつまでに、誰が、何を、どのように行うかを決める。
(2)そのための財源と人員を論じて、全体的に必要な量を確保する。
(3)短期的な復興計画と長期的な再生計画を区別する。
(4)東北地方限定復興計画と日本社会全体復興計画を区別する。

支援者がこれらを踏まえた対処を進める反面で、被災者には肉体的、精神的、経済的、関係的苦しみがつのり、救助や復旧過程における救援者には作業に伴うストレスとイライラがたまってくる。救援には単なる素人としてのボランティア活動者を派遣するだけでは不十分であり、知識、経験、技術をもった精神医学や心理療法士の専門家による対応もあわせて望まれる。「システム内の個人個人が、明確な役割を持ち、それに対して各自が十分に訓練され、かつ、各自の役割が活動可能な組織や計画に統合されている時、特定のストレスに対して、そのシステムは、〝高度に準備された〟ものといえる」（Barton 前掲書：41）。

### 社会システムの機能不全の改善

強度の外部ストレスによる未曾有の被害は、各方面で社会システムの機能不全を引き起こした。「三・一一」以降、物流、情報、治安、電力供給、通勤通学、エネルギー供給などの部門で日本社会は大きな被害を受けたが、これらは個人や組織による滅私奉公的な平等で適切な対処を通して、八カ月かけて少しずつ改善されてきた。

「災害のリスクと復調について現実的な情報を示せば、人々の不安や恐怖を小さくして、コミュニティ活動を促すことができる」（ボナンノ 前掲論文：23）。はたして政府からまた東電から、復興再生にとって有益な情報が発信されてきたか。逆に放射能汚染の風評被害は、農産物、水産物、海水浴場、レジャー施設などで差別的対応を生み出してきた。

このように、コミュニティ理論でいわれる社会構成員への無限配慮ではなく、被災地や被災者を排除するという具体的行動が全国で見られたことは、情報内容とともにその開示方法にも原因があるのではないか。(25)

社会システムは、複数行為者間にみられる相互行為パターンの持続を総称する。個人行為者がもつ地位と役割は社会システムの単位であり、法人や組織や団体などの集合体には複数の役割が付着する。個人間、個人と集合体間、集合体間における相互行為を支えるのは便益システムである。これは資材、設備、土地家屋、施設、社会資本などであり、三種類の相互行為にたいして特別の意義を有する所有物を意味する。

**便益システムがもつ社会的効用**

便益とは、行為者の「効用」の「生産」に不可欠な機能要件であるから、社会的効用の増加を目ざす際に便益システムを重視することが合理的選択になる。大地震大津波による被害は社会システムを破壊した。そこから立ち直るには便益システムに含まれる機能的先行要件の復旧復興からはじめるしかない。

各種便益システムを社会的効用につなげるには、一人の行為ではなく複数の行為者の協力としての相互行為が有効である。この文脈において、コント以来の社会学的伝統である秩序や統合や連帯の意義が再確認できる。なぜなら、三種類の行為にはそれぞれで相補的役割があり、地位を通しての参加、役割を媒介としての参加が生まれるからである。しかも相互行為を支えるのは伝統、習慣、慣習、道徳など当該社会の文化システムである。それらと整合するように、個人行為者も集合体行為者も特定の動機付けを得る。

社会システム全体でこの動機付けや価値が育たなければ、被災者は全くの援助なしで復旧復興の作業をやるしかない。その意味で、文化システムとしてのコミュニケーションの破壊は、便益システムと統合面における社会秩序の破壊と同じように危険である。情報共有によって、コミュニケーションがもつ相互鼓舞機能に個人行為者は支えられる。したがって、私的関心公的関心を問わずコミュニケーション手段の復旧こそが、復興再生過程では何よりも優先される課題になる。

## 5　コミュニケーション絆の復興再生

**復興再生にふさわしい人員配分と資源配分と報酬配分**　「三・一一」からの復興に際しては、あらゆる要求に配慮するという無限定性を軸として、被災者と被災地を復興再生するという国民目標の共有が望まれる。数年かけて東北地方と日本社会全体復興計画を実行するには、安全と復興再生にふさわしい人員配分と資源配分と報酬配分が不可欠となる。「個人・家族」、「近隣・コミュニティ」、「企業・団体」、「自治体・中央政府・外国からの支援」を組み合わせて、人員配置、便益システムの再構築、

**表２－６　東日本大震災による北海道への影響**

1. 物流
   陸運・海運ともに物流網の遮断により，移出品の滞貨，移入品の到着遅延。
2. 農水産業
   養殖漁業への打撃，出漁不能により，道内漁業被害総額は340億円（３月22日時点）。内訳はホタテ，カキの養殖施設被害が166億円。漁船被害が140億円。サンマ，サケマス船被災で水揚げ減少額50億円程度。
3. 風評被害
   原発事故により，外国港の検疫強化と輸入規制。鮮魚輸出の自己規制。
4. 小売業
   消費マインド悪化。不要不急な高級品の消費自粛。デパート，自動車販売で売り上げ減少。品薄による販売不振。
5. 観光業
   観光客減少による道内観光被害額の６月までの予想は800億円。航空３社の３月搭乗者数（新千歳─羽田）は前年比約30％減。新千歳空港への３月の外国人入国者数は前年比約40％減。
6. 飲食業
   イベント，宴会の自粛。消費マインドの悪化。個人の飲食需要の低下。食材調達コストの上昇。
7. 製造業
   原材料供給量の減少。物流停滞による減産。鉄鋼，パルプ，紙，食品，合板などで代替需要の創出。
8. 建設業
   工場被災，燃料不足，計画停電などによる道外からの資材調達環境の悪化による建築遅延。被災地での復興工事本格化による作業員需給の増加による道内建設環境における労働力不足。

（出典）　北海道銀行編『調査ニュース』no. 322 2011年５月号。

費用面での配慮という難題解決について、国家力が試される。

### 「先送り」は不可能

この際、自民党から民主党までの歴代政府が得意としてきた「先送り」は不可能であり、総合的な判断が求められる項目は、いくつかに分類できる。TPPに関連させた農業関係では、稲作農家、野菜農家、牛・豚・鶏の生産農家、企業関係では建設業、交通運輸業、旅行業、金融機関、その他すべての中小零細企業、医療福祉関連では医療機関、薬局、社会福祉施設、教育関係では学校、幼稚園などが具体的にあげられる。

それらを縦軸とすれば、五月段階での北海道における主な影響は表2－6のように概括できる。また、横軸はすでに表2－5で示した（六七ページ）。できるだけ短い期間に、政府と自治体による「個人・家族」、「近隣・コミュニティ」、「企業・団体」復興支援策では、どのような「新しい均衡」なのかを示したい。この場合の大原則は「二者択一」ではなく、「同時並行」になるであろう。

### 復興に不可欠な論点

その際には、併せてボランティアなどの内的支援、外国からの支援との均衡点を確定する。山積した課題にともすれば要点を見失いがちになるが、以下の六点は不可欠な論点である。

(1)自然の秩序（order）には想定外の乱雑性（disorder）が含まれている。これは人間の理性では対処できない。

(2)原発立地の地域社会と電力大消費地の首都圏や関西圏とは、エネルギー面での南北問題の様相を示してきたことを今後どのように受けとめていくか。

(3)原発立地の県民や町民ならびにそこでの生産品を標的にした魔女狩りを排除する。

(4) 数多い復興事業の究極的目標は、被災者も含む国民全体のコミュニケーションの安定と被災地域コミュニティの安心を並存させることにある[26]。
(5) 絶対安全（fail-safe）はありえないとしながら、核アレルギー者も核ヒステリー者も具体的な復興計画に貢献する。

自己組織性の理論を引くまでもなく、無秩序の中でいくつもの要素を組み直して、新しい全体社会を創造するのが社会学の課題である。揺らぎを取り込みつつ、日本社会における新秩序を「計画的環境社会」として創り直す努力を開始したい。

まずは、被災者の自我の再統合と地域における独自復活への歩みをいかに周囲で支援するかにある。それは交通と通信を両義とする正確な意味でのコミュニケーション機能の強化、および近隣、公共サービス、ソーシャルキャピタルから構成されるコミュニティの創造である。後者では別居家族の機能を活かしつつ、コミュニティや家族それに環境などの専門家の役割が軸となる。なぜなら、素人としての大衆の「過集中」は、緊急社会システムに「過負荷」状態を引き起こすからである。

### 防災ガバナンス

もう一つの手がかりに「防災ガバナンス」がある。これは「地域を構成する諸主体／アクターが防災というイッシューをめぐって織りなすさまざまな協働（の把握）を基軸に据えている」（吉原 2011：118）。したがって、仮説としても現地調査でも、諸主体を仕分けして、その構造と機能を明らかにする際の方向として、この考え方は有効になる。

駅前の街頭での選挙応援演説がこの一年間の政治活動であるというレベルでは、国政にかかわる政治家としては失格であり、それに該当するチルドレンもガールズも陣笠も不要である。明日からの生活がある被災者にとって、街頭演説などの政治活動は有害無益であり、支え合える日常生活の復興への道筋をつけるための国会での具体的思考と討議と配慮こそが必要になる。

亡くなった犠牲者に祈りを捧げながら、被災者の半数以上が高齢者であることが気になる。なぜなら、すでに生き残り症候群として高齢者の孤立、引きこもり、周囲への不信感、そして孤独死が顕在化してきたからである。(27)

## 高齢者の successful ageing

被災者に高齢者が多いことから、世界でも日本でも positive ageing, active ageing, successful ageing などを活用した被災高齢者支援を最後に提唱しておきたい。これら互換性豊かな四概念をあえて分ければ、意識面が positive ageing、行動面が active ageing、成果面が productive ageing、評価面が successful ageing になる。高齢者全体の八〇％を占める自立高齢者も二〇％に達しようとする要支援・介護高齢者のどちらでも、生きがいや満足感や幸福感がもてると評価される状態が successful ageing である。

加えて、優雅な年の取り方（graceful ageing）としては、

(1)社会的有用性（social utility）
(2)過去からの継続性（sustenance from the past）
(3)楽しみとユーモアの才（capacity for joy and humor）
(4)自助（self-care）
(5)関係性の維持（maintenance of relationships）

などがあげられ、successful ageing はこれらの複合という認識が示される（Vaillant *op.cit.*：313）。

高齢化が進む東日本の復興再生でも、集合的凝集性と永続性を創り出す相互性、関係性のなかの互恵性、義務感、道徳的感情を生み出す仕掛けを工夫しつつ、成員間に潜在的にも顕在的にも認められる社会目標の形成を推し進めることを原点にして、全国知事会が照らし出した「絆」を創りなおす日本復興再生のために、われわれの人間集合力を結集したい(28)。

# 第3章　懐疑派から見た二酸化炭素地球温暖化論

## 1　二酸化炭素をめぐる非科学性

### 「グリーン」や「エコ」の大流行

日本では二一世紀になっても「グリーン」や「エコ」が、その内容も不明なままに政治、行政、産業界、学界、マスコミなどで流行している。この二つの空疎な言葉によって「環境に配慮した」という気分は共有できても、それらは科学的な正確さからは程遠い。とりわけ二酸化炭素の削減が「グリーン」であり「エコ」であるという主張は、非科学性の象徴である。

グリーン・イノベーション（以下、GIと略称することがある）の前提には、原発を含む膨大なエネルギー源を伴う重化学工業を基盤とする産業社会がある。その産業社会の見直しの中で、独立変数としてGIが成立するか。たとえば、経済産業省産業技術環境局研究開発課（二〇一〇年三月）から「グリーン・イノベーションの項目」を拾い、簡単にコメントを付加しておこう。

⑴エネルギー転換効率の極限へ

太陽光や風力等の再生可能エネルギー等を高効率に電気エネルギーに転換利用する。原子力エネルギーを排除する。(1)

(2)電気抵抗ゼロへ―超電導・光[2]
(3)AC(交流)からスマートDC(直流)へ
(4)無機から有機・複合材料へ
(5)高温高圧から常温常圧プロセスへ[3]
(6)資源消費から循環へ[4]
(7)単体からシステム最適へ

ここで強調された低炭素が何をもたらすかは必ずしも明瞭ではない。節電などの省エネはいいが、これは低炭素に直結しないし、温暖化対策におけるイデオロギー面への配慮が突出している。

また、ライフ・イノベーションの項目には、

(1)診断と治療の一体化
(2)生体負担の少ない治療へ
(3)組織再生による治療の実現
(4)人に優しい生活支援ロボットの実用化
(5)ITをフルに活用したヘルスケア

などがあげられている。しかし、生活支援ロボットよりも介護現場の待遇改善が先である(金子 2007:91-92)。ITをフルに活用したヘルスケアについても、それがうまくいくものなら進める程度の段階であろう。健康支援や医学的な治療では対人接触の重要性が大きいので、ITを駆使した画面による接触では治療効果には限界がある。

## 二酸化炭素地球温暖化の危機意識の蔓延

さて、この二〇年近く「権威」となったＩＰＣＣの報告書に依拠した二酸化炭素地球温暖化の危機意識の蔓延は、日本の政治と行政分野でその温暖化対策を正当化し、毎年一兆円もの予算を使い続けてきた。疑問をもちながらも、その対策費に群がったほうが得をするという判断をしている産業界、研究機関、ＮＰＯ、マスコミも多い。理念や立場を超えて、二酸化炭素地球温暖化論という知識が、社会的に共有され、マジョリティとなってきた。

しかし、誤った知識が創生され、伝達し、そのまま政策に利用される構図の典型として、二酸化炭素地球温暖化論は存在する。その意味で、二酸化炭素地球温暖化論をめぐる二一世紀初頭の日本社会は、誤った学術成果が利益の源泉にもなるという社会的実験室として位置づけられる。

閉塞感を打破するために提唱された「元気のある日本づくり」にしてもアジアにおける「観光開発」にしても、その理念は間違ってはいない。しかしそれらをひとたび実行すれば、確実に人間活動、企業活動、物資の流通、人の移動を活発にするのだから、必然的に二酸化炭素排出量は増大する。ましてや一九九〇年を基準値とした二酸化炭素の五％削減も二五％削減も全く不可能であるとともに、その基本姿勢こそが日本の「成長」や「元気」を奪う元凶そのものであると考えられる。短期的な利益に引きよせられ、長期的な展望を見失ったことによる潜在的逆機能は、日本社会の健全なる活動を削ぎ、各界における知的な怠慢を増長させるに十分であった。

## 二酸化炭素は悪玉ではない

そもそも人間が呼吸で排出する二酸化炭素は悪玉ではない。それは植物の光合成に不可欠であり、ビニールハウスの主役でもある。生育した植物は動物の飼料にもなり、最終的には人類にとっての食料生産の切り札にもなる。悪玉ではない証拠に、日本の国立循環器病セン

表3－1　生体ガスと病気・生活習慣の関係

| 生体ガス | 発生原因 |
|---|---|
| 水　素 | 腸内細菌の増殖，消化不良症候群 |
| 一酸化窒素 | 気管支ぜんそく，喫煙，気道感染 |
| 一酸化炭素 | ガス中毒，喫煙，慢性気道炎症 |
| エタノール | 飲酒 |
| アセトアルデヒド | 飲酒，食道がん，咽頭がん，シックハウス症候群 |
| アセトン | 糖尿病，肥満 |
| アンモニア | 代謝異常，ピロリ菌，感染症 |
| イソプレン | コレステロール合成 |
| メルカプタン | 口の中の細菌（口臭） |

（出典）国立循環器病センター体調診断プロジェクト（2011）．

ターによる「生体ガス」による体調診断プロジェクトでは、二酸化炭素は病気の発生原因として位置づけられていない（表3－1）。

水素、一酸化窒素、一酸化炭素、エタノール、アセトアルデヒド、アセトン、アンモニア、イソプレン、メルカプタンなどは、それぞれにいくつかの病気の原因にもなるが、二酸化炭素はそうではないのである。それなのに、とりわけ日本の政治と行政では、依然として二酸化炭素は人間にとっても自然環境にとっても悪者扱いであり、削減対象の筆頭になっている。

二酸化炭素についてのこのような誤認識を改めて、環境技術を磨きながら、環境技術イノベーションを促進して、日本国民や世界人類のQOLの維持や向上に寄与することこそが新しい社会貢献であろう。

一九九〇年代から「三・一一」までの日本のように、二酸化炭素地球温暖化の危機感だけを煽り、政策効果が期待できない事業を「予防原則」と称して優先的に行っても、そこには国民の無力感と借金が積み重なるだけである。加えてこの誤作為は義務教育レベルでも知識化しており、若い世代に継続的に注入され続けている。たとえば、環境省が発行する毎年の『こども環境白書』を見れば、その偏向した内容は一目瞭然である（金子 2009a：152–157）。

### 二酸化炭素の削減は不況による

過去二〇年間、日本の政治と行政は各方面で二酸化炭素の削減努力を続けるように指導してきた。にもかかわらず、二〇一一年二月に発表された北海道経済産業局による北海道内の「二〇〇八年度エネルギー消費動向調査」によると、北海道の二酸化炭素排出量は五八一三万トンであり、前年度よりも九八万トン減少したが、京都議定書による一九九〇年度基準量の五〇一〇万トンよりも増加した。すなわち、二〇〇八年度は二〇〇七年度に比べて二％の二酸化炭素排出量が減ったが、京都議定書の基準年である一九九〇年度と比べると、逆に一六％も増加したことになる。しかも減った理由には、この数年の毎年三兆円に上る政策投資の効果ではなく、不況による企業活動の低迷があげられる。膨大な予算を使った行政の努力が二酸化炭素排出量を減らしたわけではなく、不況によって企業活動が減退したからだと経済産業局がのべている。

この「エネルギー消費動向」の計算は、運輸業、製造業、建設業、家庭などでの灯油、ガス、電力などから構成されるエネルギー需要動向をまとめる方法によっている。北海道での分野別構成比では、運輸部門が三二％（全国では二四％）、製造業や建設業などの産業部門が三一％（全国では四三％）、家庭が二〇％（全国では一四％）となった。不況で物流が滞り、数的にも減少すれば、それだけエネルギーの需要も減退するので、化石燃料に含まれる二酸化炭素の排出量が少なくなる。

二〇〇八年度における北海道の可住地面積一㎢当たり「人口密度」は二五二・七人であり、全国平均の一〇五一・七人や東京都の九一九三・六人に比べると、非常に低い。運輸機関の燃費にしても運行の回数にしても、道内を結ぶ交通条件は他の地方と比べてもはるかに悪い。

### 小家族化が進んだ北海道

また、全国に比べて小家族化が進んだ北海道では、平均世帯人員は二・二一人（二〇一〇年国勢調査）となり、東京都二・〇三人に次いで少ない。すなわち小家族世帯として細分化が進んだ分だけ、家庭内でのエネルギー消費が比較的に多くなる。五人家族でも一人暮らしでも、暖房やトイレやシャワールームは同じく必要であるから、小家族化はエネルギー効率を低下させる。しかも人口密度の低さによる運輸面での非効率が加わり、寒さが厳しい北海道はエネルギー需要の効率性から見れば、日本の中では最低になる。小家族化では同じ条件の東京都に比べると、全体的なエネルギー消費効率では、北海道は確実に劣る。

だからといって、北海道の現状を批判しても仕方がない。それは沖縄県の台風被害が毎年かなりな額に上ることを批判するようなものであり、自然、風土、歴史などによる地域特性によって、また家族構成によって、エネルギー消費の内容も水準も大きく異なると認識するしかない。

北海道経済産業局の結果からも、好況感あふれる「元気ある日本」を目指すことと全体的な二酸化炭素排出量の減少とは、矛盾することが理解できる。それでも京都議定書の基準からすれば、一六％の増加になったことは、政府が主張する二五％削減がいかに非科学的で論理矛盾の政策かが分かるであろう。日本の不幸は、このような政府機関の情報を、与野党を問わず政治家が正確に分析できず、同じ政府機関の環境省や経済産業省や総務省などが全く重視しないという体質にある。

## 2　科学的知識の信頼性

**クライメートゲート事件**

さて、二酸化炭素増加を原因とする地球温暖化の議論は、その立場を守旧する「信念派」と論証の不備を強調する「懐疑派」ともに自説を譲らないままに、科学知識としてのあり方を問いかけながら二〇一〇年以降は新しい局面を迎えた。なぜなら、二〇〇九年一一月にイギリスのイーストアングリア大学気候研究部門（Climate Research Unit, 以下ＣＲＵと略称）で発生したコンピュータ・シミュレーション用のデータ捏造（クライメートゲート事件）が、「信念派」に打撃を与えたからである（Mosher & Fuller 前掲書）。一〇七三件の交信メールと三八〇〇点の文書が世界中に流出したのである（渡辺 2010a）。

捏造されたデータを使うことは科学の信頼性破壊に直結する。[5] ただし捏造報道の直後から、捏造側の「信念派」は全否認を避けて、部分的にはそれを認めたものの、全体としてはデータの信頼性は揺るがないという口実を用意して二年以上が経過した。「捏造の疑いをかけられたグラフ」はあるが、それは一つのグラフだけという論理を駆使して、大勢としては「地球温暖化は疑いのない事実である」（Newton 編集部 2010 : 117）とまとめてきたのである。この言明は科学的精神にそぐわない。

メールが流出したイーストアングリア大学が委託した外部委員会の調査や大学があるイギリスの議会調査委員会でも、データ捏造自体が否定されたので、これらにのみ依拠する限りＩＰＣＣや日本の国立環境研究所に蝟集する「信念派」への打撃は少ない。[6]

### 論証不可能な地球温暖化の主因

そのために、依然として「二一世紀の地球温暖化の見通しは簡単に揺らぐものではない」（増田 2010：38）という擁護派もいる。その主張の根拠は、寒冷化要因も含めて気象のエネルギー収支をみれば、ともかく理論的にも測定値の総合化においても地球温暖化が進んでいるというところにある。「二〇世紀後半以来、収入のほうが少し多く、気候システムのもつエネルギーは増加している」（同右：42）という結論だが、その主原因が二酸化炭素増加によるとは結局論証されなかった。

要するに、肝心な論証をあいまいなままにして、「科学者が努力しても、気候システムのすべてを知りつくすことはできないし、数十年先のローカルな気候変化を精密に予報できるようにはならないだろう。しかし、それは何も知ることができないのと同じではない。理論と観測の両面からそれぞれに経験を積んだ科学者の仕事を総合することで、提供できる知識の確信度をしだいに高めることはできるはずだ」（同右：43）という希望的観測に収束してしまう。[7]

このような自然科学の文脈からすると、「自然の世界には、われわれが近づきうるものと近づきえないものがある……これを区別し、十分考慮し、それを尊重する」（Eckermann 1836=1968（上）：311）というゲーテの言葉は、今日の二酸化炭素地球温暖化論で自然科学でも社会科学でも改めてじっくりと味わいたい。それは一八〇年の時空を超えた説得力をもっているからである。

### 「すべて」と「精密」を挿入する

自然科学者が、研究成果の中に「すべて」と「精密」を挿入することで、逃げ道までを用意したうえで、自らが勤務する組織の業務の一部である「現地観測（海洋を含む）」への国民的な支持を訴える。「すべて」の「精密」な地震予知が不可能であるように、地球科学のうちの気象学もまた依然として不十分な段階にあるのであろう。「部分的」で「大雑把な」精度であれば、どこからでも「懐疑」は生まれる。

もちろん「懐疑派」は、二酸化炭素地球温暖化論の「部分的」で「大雑把な」部分に疑問を投げかけてきたのではない。むしろ「信念派」が依拠するＩＰＣＣの不透明な活動実態に不信感を強めて、根本的で科学的な懐疑を表明してきたのである。

「信念派」はイギリス議会の調査委員会報告を信じる一方で、オーストラリア、フランス、カナダ、アメリカの四カ国における議会における二酸化炭素地球温暖化論への疑問視と、「温暖化対策」が否定されたことには触れない。すなわちそれら四カ国においては「温暖化対策法案」は否決されたのに、日本ではそのような事情さえ紹介されず、「信念派」は正対してそれを論じようとはしない。

むしろアメリカでは、「人間の活動が気候変動の原因とは断定できない」という二酸化炭素温暖化否定論が盛り返しており、二〇一〇年秋の中間選挙の候補者にとって温暖化対策は「弱点」になってしまった。下院では二〇〇九年六月に温暖化対策法案が可決されているが、上院では審議が頓挫して、最終的に法案は不成立となった。下院の地球温暖化特設委員会も解散した[8]。

### 「率先垂範論」での主張

しかし、ＩＰＣＣを信奉して、そこからの利益を共有する日本の「信念派」では、そのような世界の情勢を無視して、温暖化現象とその対策の必要性への「断言」が優先する。たとえば「一八五〇年以降の記録によれば、個々一〇〇年間で、世界平均気温は〇・七四℃上昇したことがわかります。また、近年になればなるほど、温暖化は加速していることが読みとれます」（Newton 編集部 2010：41）。

なかでも守旧的「信念派」は、「二酸化炭素の濃度の上昇によってさらなる温暖化がもたらされたことも明らかになっている」（明日香 2009：23）と言明してきた[9]。

「信念派」に属す滋賀県知事の一人である嘉田由紀子は、「温暖化は海の向こうの話ではない」として、いきなり「滋賀県は、低炭素社会を実現するため、『二〇三〇年の温室効果ガスを一九九〇年比五〇％削減』という目標を立てた。……そのため安定的な財源を確保したいから、二酸化炭素を排出するすべての化石燃料に課税する新環境税の創設を提案」した（『朝日新聞』二〇一〇年一二月一日）。滋賀県の削減工程表をかりに全国レベルで実施すると、必要経費は年間五兆円と推計される。国民の税負担は重くなるが、「未来のリスクを避ける事前投資として、国全体で大いに議論すべきだ」とのべつつも、滋賀県単独でやっても温室効果ガスの削減効果は地球の〇・〇四％にすぎないという。

温暖化の行方は宗教などの精神論では解決できない物理的な現象であるから、科学的なデータによって判断するしかない。このような政治家思い込み地球温暖化論の代表は、国連における「二五％削減」の鳩山演説であった。これは「率先垂範論」の見本である。先進国が野心的な目標を掲げれば途上国も協力姿勢に転じるという言説である。「一見、もっともらしいが、実際には当てはまらない」（澤 2010：88）。嘉田滋賀県知事は日本政府の二倍の削減率を提示して、「率先垂範論」を踏襲した。

## 低炭素社会への無意味な増税

「誰でもつまらぬことを全然言わないというわけにはいかない。困るのはそれを本気で言うことである」（Montaigne 第三巻第一章：136）。この延長線上に二酸化炭素地球温暖化論に関する知識社会学的問題が二つある。一つは、温暖化の原因をいきなり二酸化炭素として、低炭素社会[10]を実現するという名目で新税が提唱される点、二つには「未来のリスクを避ける事前投資」の結果、誰がどのような責任を取るのかが不明な点である。前章でのべたように、予防のための政策投資が「誤作為」になり、その結果、多大の負荷（誤作為のコスト）を社会システムや地球環境に与えることも予想されるからである。

科学的にも経済的にも二五％削減さえも不可能だとされている今日、「五〇％削減」は驚きだが、五兆円の増税を念頭においた発言も不用意にすぎる。「三・一一」の復興費用が一六〜二〇兆円と見込まれている現在、このような無意味な増税と温暖化対策への支出には多大の疑問が生じる。

二酸化炭素排出を規制しないアメリカ、中国、インド、途上国などに働きかけないまま、現存の国際政治を与件とした思い付き提言は、滋賀県民だけではなく日本国民の不幸である。「合理的根拠もなくいたずらに高い削減目標を競う愚かさ、排出権取引をその問題点（原油価格のようなマネーゲームなど）を忘れて主張する誤りは避けなければならない」（御園生 前掲書：178）。

滋賀県知事が提唱する環境税五兆円は「太陽光パネルやリチウムイオン電池」などの関連産業だけではなく、産業界すべてが収束する膨大な「エコ替え」商品の購入に際しての補助金、環境ＮＰＯの人件費や環境意識改革のための調査や環境記念館などに使われるのであろう。「卒・原発」を主張する嘉田のいう「低炭素社会」は、「化石燃料」に依存しないで「太陽や水、風」だけで作られるかのような内容であるが、リチウムイオン電池さえも、負極に黒鉛などの炭素材料を使用する。

## 現状無視の電力議論

「信念派」が電力エネルギーを論じる際には、たとえば二〇〇七年現在の火力発電（七〇・三％）、原子力発電（二二・一％）、水力発電（七・一％）の総量が九九・五％であることを伏せて、太陽光発電を針小棒大に期待をこめて論じる傾向が強い。「信念派」期待概念として地熱発電（〇・三％）も風力発電（〇・二％）も、「信念派」が心待ちにする「太陽光発電」も現在の統計には出てこない。

五兆円の環境税をそれらに回しても、今後とも日本の発電量において第一位を占めるのは不可能だろう。なぜなら、一つの試算として「太陽光発電で原子力発電所一基の電力量を得るには、山手線の内側すべての土地にソーラーパネルを並べなくてはならないからである」（澤 前掲書：111）。これでは土地購入に天文学的費用がかかり、到底実現できるとは思われない。政治家は綿密な科学的知識に基づいた言説が望まれるのであり、「叙情的な解決法を求めても、問題は解決しない」（広瀬 前掲書：186）。ヴェーバーのいう「見識、情熱、責任感」（Weber 1912=1962）は、「職業としての政治家」である国会議員だけではなく知事にももちろん該当する。

## 3 環境知識の功罪

### 黄砂を肯定した国立天文台

地球温暖化論を含む環境論では、二酸化炭素増加や黄砂を原因とする地球環境への影響には、被害もあるが恩恵もあるという機能的等価を強調することがある。国立天文台（2011）では、「序」で「『黄砂――地球規模の輸送』と題して、そのしくみと被害、そして恩恵もある」と記載した。実際のところ中国からの黄砂には、「洗濯物や車の窓への付着汚染、機械の軸受け部の磨耗、視程悪化による航空機運行障害、呼吸器・アレルギー疾患の健康悪化などに影響を及ぼし、マイナス面が多い」（真木 2010：1015）。

しかしプラス面もあり、それは「微粒子中に含まれる微量要素が貧栄養の海洋に落下すれば、植物・動物プランクトンが増え、つぎに小魚、大魚、鳥が増える食物連鎖を活発化させたり、黄砂がアルカリ性のため中国の大気汚染物質の酸性を和らげ、酸性雨をすくなくしたりする利点もある」(同右：1015)。

ここには、機能的に不等価な現象をわざわざ等価と断定した専門家の意図が働いている。まず時間的な不等価を無視している。実際に毎日の生活（人間時間）で大量発生しているマイナス面の健康被害や住宅被害それに交通被害に対して、地球時間ともいうべきプラス面として悠久な食物連鎖を対置したところにそれは読み取れる。すなわち時間の流れを無視した対置がなされている。黄砂のアルカリ性が酸性雨を緩和するなら、黄砂の世界的「輸送」が歓迎される根拠になるのだろうか。

次に、この論法では、黄砂による日常的マイナス面に、遠大な世界規模的プラスの可能性を対置することによる効果への期待が鮮明である。すなわち、黄砂飛来による日常的な光化学オキシダントによるスモッグの発生、それによる人間の目や喉への障害、起立性調節障害、アレルギー喘息と呼吸困難、四肢のしびれなど直接的被害や口蹄疫や麦サビ病の病原菌の輸送などが、マイナス面に含まれる。これらに対して、黄砂粒子に含まれるSi、Al、Ca、Mg、Na、Fe、S、Kが貧栄養の海洋に落下して、それが富栄養化して、食物連鎖が活発になる利点がそこでは強調された[11]。

**判断抜きの自然科学知識は危険**

これは黄砂によるプラスとマイナスの影響の規模と程度を、まったく無視した等価的議論の象徴である。ここに判断抜きの自然科学知識の典型を感じる。核融合研究が原水爆製造に向かった理由の一つであろう。細菌・ウイルス研究から細菌・ウイルス兵器、生物研究から生物化学兵器へのルートも、同じような判断抜きの自然科学知識から生じる。

ロシアのブディコによる、地球温暖化を阻止するために「成層圏に毎年三五〇〇万トンの二酸化硫黄を注入する」（Graedel & Crutzen 1995=1997：226）という狂気の提言を受けて、グレーデルとクルッツェンは「もし適正に行えば、ブディコ達のアイデアは本来の目的を果たすかもしれない」（同右：226）と評価した。このような判断抜きの自然科学があるかぎり、「科学の社会的脈絡」への配慮は当然であり、社会科学者の出番は少なくない（金子 2009a：180）。

　この数十年の気象知識のあり方を振り返ると、産業革命期から二酸化炭素の増加は一貫しているはずなのに、世界的にも日本でも一九六〇年代から八〇年代末までの二〇年間は、寒冷化論が主流であったという事実が完全に黙殺されてきた。たとえば『Newton 別冊　地球大異変』には産業革命期の一八〇〇年の二酸化炭素濃度が二八〇ppm、二〇〇〇年予想が三六〇ppmというグラフが掲載してある。（1993：95）。また、『Newton 別冊　地球温暖化』では二〇〇五年の実測値が三七九ppmとしてある（2010：76）。二〇〇年間に一〇〇ppmの増加であるが、一九九三年の予測として「産業革命以後の二〇〇年間で、化石燃料の大量消費と森林の伐採などにより、二酸化炭素の量は約二倍になろうとしている」（軽部 1993：107）がある。二八〇ppmの二倍は五六〇ppmだが、このような間違いは一九八七年にも日本人気象学者グループの報告書にも見受けられる（高橋・岡本 1987）。また、二一世紀になっても、「現在の二酸化炭素の濃度は三六〇ppb（ママ）であるが、二一世紀の終わりには七〇〇ppb（ママ）になるという予測」（近藤 2002：147）を支持する「信念派」もいる。[12]

### 「地球寒冷化」の説明がない

　加えて、二酸化炭素濃度が着実に増大していた一九六〇年代から八〇年代の時期に、「地球が冷える異常気象」や「冷えていく地球」が出版されている。当時の気象学者もその弟子にもまだ生存者が多いだろうが、不幸なことに、一九八〇年代からこの三〇年間の「寒冷化」論の正否ないしは流行についての本格的な反省や説明が、「信念派」からは聞こえてこない。[13]

科学知識の推移を考えると、これは奇妙なことである。わずか三〇年前は二酸化炭素の増加にもかかわらず、「寒冷化」と叫んでいた気象学者や環境研究者は、一九九〇年代からの二酸化炭素増加による「温暖化」論に違和感を覚えないのだろうか。自然科学系の「信念派」と「懐疑派」とのバランスとともに、二酸化炭素増加を主因とする地球温暖化がもたらす社会的影響の分析までを取り込むというバランス感覚は、クライメートゲート事件以降の新聞とテレビを除く雑誌にやっと登場した。[14]日本でも世界でもＩＰＣＣ判断への疑問が多く出揃ったのは「クライメートゲート事件」以降である。

そこでは、国際的な排出権取引を強調する立場が紹介される一方で、本気で二五％の二酸化炭素削減をしたら、社会システムにおける生産者コストの増大による競争力の低下が、需要減少を引き起こして、最終的には生産の縮小を余儀なくさせられるという見通しまでも広範囲に含まれている。

## 温暖化対策はGDPを減少させる

ただし、日本における二五％削減を目指す温暖化対策が一人当たりＧＤＰを減少させるが、それは具体的に「ＧＤＰの〇・一％」となり、これは「雇用者報酬の約十万人分に相当する」（野村 2010：10）非常に大きなロスであることは、新聞やテレビではなかなか提示されては来なかった。正確にいえば、二〇〇七年における日本の実質ＧＤＰは五一五・八兆円であったので、〇・一％とは五一五八億円を意味しており、年収平均を五一五万円と見積もった数字が約一〇万人分に相当する。温暖化対策を叫ぶ「信念派」の自然科学者や政治家に、社会システムにおけるこのようなロスについての議論や社会的退行現象の認識はほとんどない。

また、「日本が京都議定書の目標達成のために一二年までに購入しなければならない排出権の総量は、国と企業において四億～五億トンとなり、そのコストが一兆円にも上ることを国民の多くは知らない」（大塚 2010：19）。歴代自民党政府の無策はもちろん、事業仕分けでわずか「数百億円」の捻出を誇るような民主党の非力さに驚きながら、温暖化対策費に一兆円の無駄金支出という実情を知ったら、国民の嘆きはいかばかりであろうか。

さらに二〇一〇年一一月二二日付けの新聞各紙は、二〇〇九年における世界全体の二酸化炭素排出量は前年比で一・三％は減ったものの、減少幅が少なかったことを報じた。年間排出総量が三〇八億トンであり、日本が一一・八％減、アメリカは六・九％減、イギリスは八・六％減だったが、中国は八％増、インドも六・二％増という状態にあった。

この実情から、日本単独で二五％削減を行い、その結果としてＧＤＰの低下と失業者十万人を増大させるような懸命な努力すらも、中国やインドが垂れ流しという国際化の中でみれば、空しさばかりが感じられる。二酸化炭素排出による地球温暖化なのだから、論理的にも地球全体での削減しか対応する道はない。しかし二〇一二年までは、アメリカ、中国、インド、その他の途上国の総計で七〇％の排出量が無規制状態になり、全地球的な対応など不可能な状態にある。世界的に見れば、新環境税を目指す滋賀県の「率先垂範論」も無力であろう。

### 科学知識には論理性が基本

以上のような動きの中で、この数年私は、科学知識の創造、知識の普及、マスコミの対応[15]、国民知識としての共有、政治への影響、将来社会への全体的見通しなどの観点から、気象学などの自然科学そのものには不案内なままにこのテーマを追究してきた。環境関連のテーマについての私の関心は、科学知識構築の論理性の有無と構築された知識の社会的背景の解明にある。

気象学や大気物理学のように地球規模の実験が不可能な自然科学の宿命で、スーパーコンピュータによるシミュレーション結果を金科玉条にする「信念派」の論理は、いつまで経っても「懐疑派」を説得できない。シミュレーションで使用されるデータの精度への疑問も残る。[16] ちなみに入力データは、地球の大きさ、回転、重力、太陽からのエネルギーの量、陸と海の分布、地形などの情報である。

その中で、「信念派」はあいかわらず二酸化炭素増加のグラフでは「びっくりグラフ」形式を多用する（Newton 編集部 1993：95：2010：67, 77）。上昇の角度はグラフを加工すればどのようにでも急上昇に作れる（金子 2009a：88）。これは社会調査データの提示の際には禁じ手になっているが、自然科学者がこの程度の知識を知らないはずはないから、「びっくりグラフ」多用による二酸化炭素濃度の急上昇角度作成は、ある特定の意図が働いているとしか思われない。

**ＩＰＣＣ報告書の針小棒大**　さらにＩＰＣＣの報告書などに依拠したNewton 編集部（2010）では、

(1)一度の上昇で、感染症とりわけマラリアやコレラの危険地域が増える（同右：93）

(2)温暖化によって将来デング熱の流行のリスクがある地域が拡大することはまちがいない（同右：94）

(3)日本では熱中症をはじめとする熱ストレスによる死亡が、約二七〇％も増加する（同右：95）

(4)日本の周辺では、……勢力の強い台風が今後増加する傾向にある（同右：115）

という推測を掲載する。[17]

ここで一番見過ごせないのは、「たとえ捏造が本当で、疑いをかけられたグラフが一つなくなったとしても、地球の気温が一九〇〇年以降に急上昇しているという分析の結果には大きな影響がない」（同右：117）という開き直りである。ここでは「捏造を認める」ことが非科学的であるという理解はなされていない。

そのうえ、ＩＰＣＣ報告書には間違いがあるが、学術論文ではなかった文献や政府による調査から引用したから間違ったという言い訳をしているところがある（同右：117）。その有名な事例は「オランダの国土の五五％が海面より低い」と記載されたのは誤りであり、「海面より低いオランダの国土の割合は『二六％』でした」（同右：117）という訂正が挿入された点である。

### 常識的なまちがいがある

しかしこの程度の内容は、一般向け紙媒体の日本の国語辞典でも周知の事実になっている。たとえば『日本語大辞典第二版』（講談社、一九九五）では「国土の四分の一は海面下の低地」と書かれているし、『角川必携国語辞典』（角川書店、一九九五）でも類似の表現の「国土の約四分の一は干拓地」がある。また『世界大百科事典』（平凡社、一九九八）では「国土の約四分の一は標高〇m以下にある」と記載されている。電子辞書の国語辞典『デジタル大辞泉』（小学館、二〇〇九）にも「国土の四分の一」という表現がある。日本の国語辞典でさえ正確なのだから、オランダの政府統計でももちろん間違いはないだろう。

したがって、ＩＰＣＣ報告書のある部分は、この種の簡単で常識的なまちがいの危険性があることになる。辞典を引ける普通の市民をはじめ通常の専門家なら「オランダの国土の割合は『二六％』でした」と書けるので、わざわざ「人手をふやす」（Newton 編集部 2010：117）ほどのことはない。語るに落ちたとはこのことであり、ともかくも温暖化の危険性を根拠に自らが勤務する組織の肥大を図るという姿勢が、「信念派」では依然としてうかがわれる。

## 4　不合理性をもつ二酸化炭素地球温暖化論

### 科学的な合理性と社会的な合理性

科学史をみれば、自然科学者の大半は、物理、化学、生物、地学、医学など人類の科学的知識を拡張し、人間や自然を対象とした管理や制御の能力を高めることに関心をもち、その努力を継続してきたことが分かる。一方の社会科学者は、その科学的知識が人間の日常生活と社会システムにどのような影響を及ぼすかの把握に腐心してきた。社会学では、その獲得された科学的知識が、人間の「生活の質」（ＱＯＬ）と「社会の質」（ＱＯＳ）を向上させる可能性（金子 2008a：三重野 2010）を模索しながらも、他方では科学的知識の誤りや応用の未熟さによって、人間と社会全体に深刻な被害をもたらす危険性についても警鐘をならしてきた。そして最終的には、「文明に伴う危険に潜在する、科学的な合理性と社会的な合理性との対立」（Beck 1986=1998：40）を取り上げてきた。

たとえば、人間が月への往復を達成して、地球でもマッハ２のスピードで飛行し、数秒で全世界との無料交信を可能とし、数々の難病を克服し、寒冷地でも熱帯起源の稲作を可能としたことはもちろん自然科学の成果である。しかし、原爆や水爆を世界全体で数千発も保有し、感染症の流行を阻止できず、生物化学兵器を保有しながら、飢えを克服しておらず、水俣病を引き起こし、地震予知は不可能であり、交通事故死が絶滅しえないことからすれば、人間が作り上げた社会の中で自然科学および社会科学のもつ限界もまたおのずと鮮明になる(18)。

## 水俣病にみる自然科学と社会科学

食料を一切生産しない都市では飢えが発生しにくく、食料生産を行う農村においてそれが多発してきた（藤田 1991）。これは権力と配分の問題であり、社会科学のテーマである。また、日本近代化の負の側面を象徴する水俣病は、チッソ工場排水に含まれるメチル水銀が水俣湾の魚介類に濃縮蓄積され、それを人間が食べた結果発症した。有機水銀中毒により中枢神経が侵されて言語障害、視野狭窄、運動障害、聴力障害などを引き起こし、死亡者も多数出た。胎児性水俣病患者も多い。これらのうち病因の解明は化学や医学の領域であったが、一九五三年頃の発生から一九六七年の政府による公害認定までの期間が長すぎることは、社会科学の問題になる。

四〇年近く「社会的事実」（fait social）に依拠して社会学を研究してきた経験から、前節までに概観したいわゆる二酸化炭素地球温暖化論の言説に改めて触れてみると、自然科学だけではなく現今の社会科学にとっても、十分に考察しておきたくなるいくつかの課題群に遭遇する。それは科学方法論、データによる論証の方法、論争する科学者の規範、知識の在り方などに関連する[19]。

## デュルケムの社会学主義

デュルケムが社会的事実を社会学の対象として定式化したのは一八九五年だが、説明要因を個人心理に還元させずに社会の側から行う社会学主義は、学説史でも一定の支持を受け、現在の実証的な研究の場面でも受け継がれてきた。

その特徴は、社会的事実が個人の外にあるという外在性、およびそれが個人に強制力をもつという拘束性に分かれる。すなわち、

(1)個々人の意識の外部に存在するという顕著な属性を示す行動、思考、および感覚の諸様式（Durkheim 前掲書：52）。

(2)行動、思考および感覚の諸様式から成っていて、個人にたいしては外在し、かつ個人のうえにいやおうなく影響を与える一種の強制力（同右：54)。

として社会的事実は存在する。具体的には、

(1)法、道徳、宗教教義、金融制度など組織化された信念や慣行。

(2)ひとつの集会で生じる熱狂、憤激、憐憫などの大きな感情（社会的潮流）などが想定されている（同右：56)。さらに、

(3)集合的なものとして把握された集団の諸信念、諸傾向、諸慣行（同右：59）もまた重要な社会的事実を構成する。[20]

**知的圧制の鉄鎖を断ち切る**

既述のように、一九九〇年代からの二酸化炭素地球温暖化論における温暖化論者と懐疑論者の主張には大きな隔たりがあるが、ともに「集合的なものとして把握された集団の諸信念、諸傾向、諸慣行」としての特徴を兼ね備えているから、個別の言説や両者間の論争もまた社会的事実として理解できる。集合体としてのＩＰＣＣと国立環境研究所は温暖化論をめぐっては同類項であり、二酸化炭素地球温暖化対策論を唱え、二酸化炭素削減を主張した自民党政府も民主党政府も集合体として一括可能である。[21]

もとより、社会学の一端を担ってきただけの私には、気象学や大気物理学などの自然科学における論争を実験的に判断する能力を持ち合わせていない。たとえば世界的な二酸化炭素の増加が地球温暖化を促進するかどうかの論断を、独自のデータによって行うことは不可能である。[22] しかし、社会学の観点から、それらの言説や論点の導き方について検討を加えて、その論証の方法や創造された知識の性質につ

いて、知識社会学の立場から考察することはできる。

その際に、たとえば百年以上も科学方法論として読み継がれてきたベルナールに依拠すると、学問とは「知的圧制の鉄鎖を断ち切るもの」(Bernard 前掲書：361) と見なされるから、社会学からも温暖化論関連の社会的事実を収集し、論理性に配慮して主要な自然科学的・社会科学的言説を点検することには十分な意味があるとしたい。

二酸化炭素地球温暖化論者の代表的立場は、「温暖化対策を進めることで、人間は複数の問題(気候変動、経済の収縮、失業、環境破壊、資源の減耗、エネルギー支配の地政学的競争、貿易赤字のバランス、飢餓の脅威、南北対立、国民が持つ資金の産油国への流出、格差の拡大など)に同時に対処することができる」(明日香 2009：55) というものであり、これは万能を強調したかつての「郵政民営化」論と同工異曲である。[23]

科学性があいまいなままに二酸化炭素地球温暖化論を世界中に拡散させたIPCC議長のパチャウリもまた、「もちろん全員が温暖化対策に参加しなければなりません」(パチャウリ・原口 2008：45) といい、「地球温暖化対策はあらゆる分野で必要です」(同右：54) と断言しつつ、インドと中国は「その環境を整えない限り、何も出来ません」(同右：57) と逃げる。パチャウリは「自分が発言したことを実践した」(同右：62) ガンジーを尊敬するといったが、二酸化炭素排出の規制を行わないインドの温暖化対策については一般論に終始している。ここでも「隗より始めよ」は真実である。

**論理のトリック**　具体的な二酸化炭素地球温暖化論には独自の「論理のトリック」がある。三段トリックとして、

(1)地球の平均気温は、かつてない上昇傾向にある。

(2)温暖化は、おもに人間活動から出る二酸化炭素がおこす。
(3)温暖化は、人間の生活や生態系をおびやかす。

とまとめられる（渡辺 2010b：66）。

これを参考にして私は、

(1)世界的にみて、人為的二酸化炭素が増加してきた。
(2)二酸化炭素の増加が地球全体の平均気温を押し上げた。
(3)上がった平均気温が将来の自然界や人間社会に負の影響を及ぼす。
(4)負の影響を除去しないと、自然界でも人間社会でも不可逆的な結果が発生する。
(5)負の影響を受けた自然界が人間社会に負の影響源となる。

という五段トリックとした。

「信念派」が繰り返し行った二〇五〇年や二一〇〇年のコンピュータ・シミュレーションによれば、温暖化による大被害が予想されるから、予防的にも二酸化炭素排出削減が急務であるという。

しかし私が整理した(2)、(3)、(4)は疑わしく、とりわけ(2)は科学的に証明されたわけではなく、コンピュータ・シミュレーションの結果に過ぎない。「われわれは、もはや自分の経験から一般的な判断に至るのではない。自分の経験していない一般的な知識が、自分の経験において決定的な中核になる」（Beck 前掲書：115）。国民の大半は未経験ながら、テレビをはじめとするメディアが、工場からの煙突排煙や車からの排ガス映像を繰り返し映し出すことによって、「自分の経験していない」二酸化炭素濃度上昇という判断をもつに至った[24]。

### 誤作為としての「予防原則」

「予防原則」についても肯定だけではすまされない。(2)についても温暖化を示すデータが揃っているわけではなく、捏造データによる地球温暖化論になれば、その対処のための「予防原則」は完全に空転して、たちまち「誤作為」に変貌する。

二〇一二年まで束縛する京都議定書も、二〇〇九年にデンマークで開催されたCOP15も、二〇一〇年のメキシコCOP16においても、

(1)地球の平均気温は、二〇世紀の後半に〇・五~〇・七度上昇した。

(2)気温上昇の原因の大半は、人間活動が出す二酸化炭素である。

を前提としていた。

### ホッケースティック図への疑惑

しかし、二〇〇九年一一月の流出メールにより、ホッケースティック図そのものに、そしてCOP16の(1)と(2)にもますます疑惑が向けられるようになった。なぜなら図3-1の下降線で示すように、観測された全データからの計算では、二〇〇〇年に向けて平均気温が下降していたからである。その意味で、二〇〇九年一一月中旬の流出メール以後、この分野の研究者は、「クライメートゲート事件」への言及が欠かせない。同時に、人為的二酸化炭素による地球温暖化は全体の六分の一であり、自然変動が六分の五という学説にももっと配慮がほしい(赤祖父 2008)。

また、知識社会学からも「自然の事実にたいしては(中略)人間は支配力をもたない。人間は謙虚に自然の法則に服することによってはじめてその法則を凌駕することができる」(Stark 1958=1960:303)という指摘があり、人間の営みが大気中の成分を変質させたとする二酸化炭素地球温暖化論者には、こ

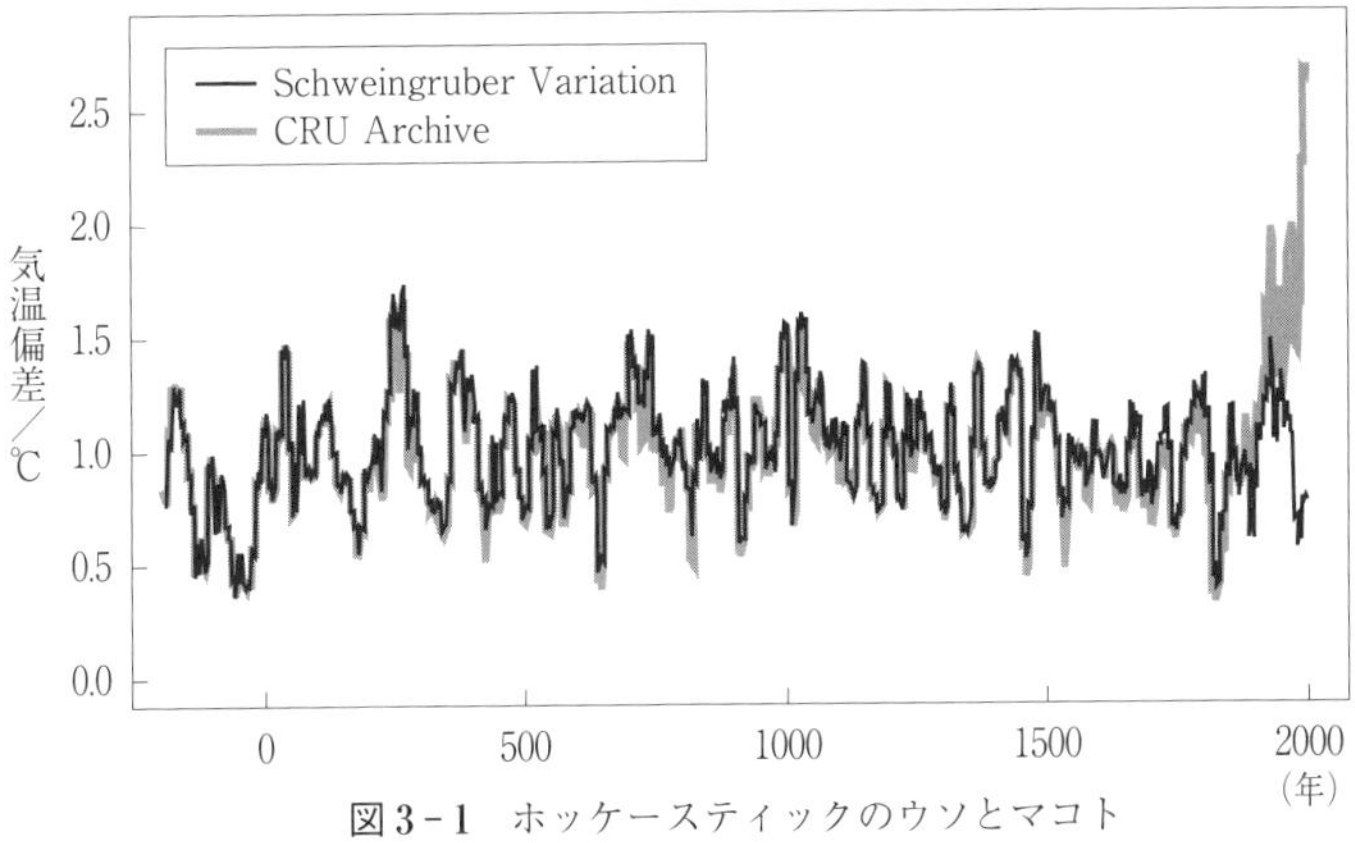


**図３−１**　ホッケースティックのウソとマコト

（出典）　http://theregister.com/tl/164-898/absolute-human-factor-laptop-encryption-Uk.pdftd-wptl164.

れらにも十分な配慮が求められるであろう[25]。

「自然の世界に近づきえない」ないしは「人間は自然の法則に服する」という観点から見れば、「温暖化の原因は主に人間活動の化石燃料使用」という断言にも疑問が生じる。また、「温暖化による被害が実際に起きつつある」という言説も疑わしい。いかなる事実に基づく根拠がこの主張を裏付けるのか。

**逃げ道を用意した自然科学の限界**

たとえば、「地球温暖化がこれ以上進行すれば、カトリーナのように勢力の強い熱帯低気圧が頻発しかねない」（Newton 編 2010：115）として、熱帯低気圧が強くなるとの予想が紹介されることがある。しかし同時に逃げ道として「原因を特定化することはむずかしい」（同右：115）が挿入される。あるいははっきりした理由を示さないままに、温暖化によって、「水不足になる」（同右：97）、「飢餓のリスクがふえる」（同右：115）、「コメの収量の減少」（同右：102）、「植物プランクトンの減少」（同右：103）、「全生物種の絶滅リスク」（同右：

105)、「世界文化遺産の侵食リスク」(同右：107)など、諸リスクの事例の提示は仮定法のもとで熱心に行われる。もしも四度の気温上昇ならば、「全生物種の四〇％におよぶ大絶滅の危機」があると予測される、という論法である。

一般的には「危険を社会構造をもとに客観視するためには、権威のある専門家の判断が必要である」(Beck 前掲書：35)。はたしてこのような科学的判断を下すＩＰＣＣやその代弁者は、権威ある専門家といえるかどうか。オランダの国土面積の内訳を間違えた執筆者やデータを捏造した専門家を、科学の中でどのように位置づけておくか。

**GDP増大と二酸化炭素排出量増加には正の相関**

そのうえ一九九三年あたりからの日本では、ＧＤＰ増大と二酸化炭素排出量増加には正の相関が鮮明になっている。そのために、二酸化炭素削減とＧＤＰ減少も強く結びつくから、二五％の二酸化炭素削減は「自然環境と生活の質の両立」ではなく、二五％削減分による製造不況や販売不況が激しくなり、結果としての失業率の上昇に寄与すると見られる。なぜなら持続可能な「生活の質」の維持にとってさえも、二酸化炭素排出増加は必然だからである。『平成23年版環境白書』では環境省もそれを肯定せざるを得なくなった。「世界のＧＤＰの伸びと世界の二酸化炭素排出量の伸びとの相関を見てみると、ＧＤＰの増加に伴って、二酸化炭素の排出量が増加している」(環境省 2011：17)。この認識は図３－２から得られている。

一方でＧＤＰ増大を不可避とする「元気な日本」を呼称しつつ、他方で二五％削減を伴う「低炭素社会」を標榜する科学者や政治家は、この非論理性をどのように説明するか。

さらに二〇〇七年でも、温暖化対策に熱心なＥＵと日本の二酸化炭素排出量合計は地球全体の一五・

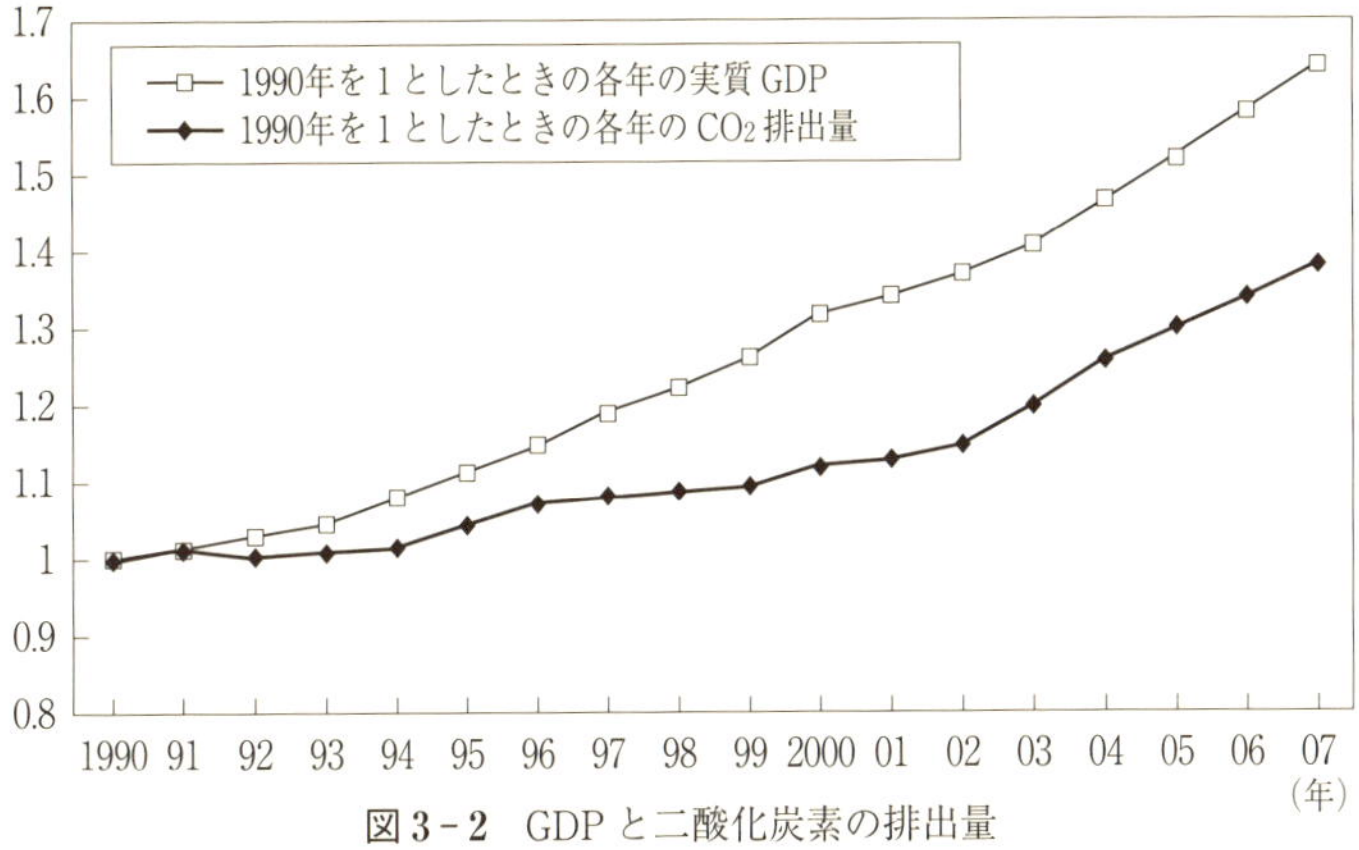


**図3-2**　GDPと二酸化炭素の排出量

（出典）『平成23年版環境白書』: 19.
（注）国連統計部資料及びOECD factbookより環境省作成.

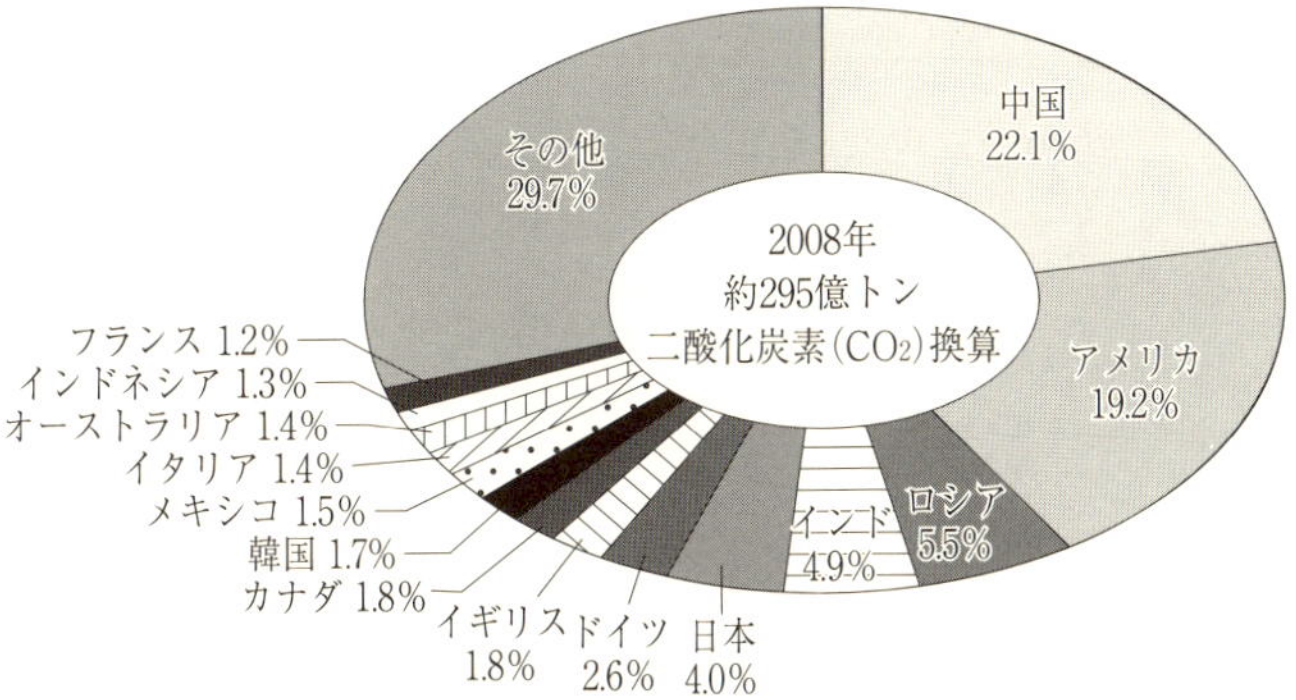


**図3-3**　世界の二酸化炭素排出量（2008年）

（出典）環境省ホームページ（2011年）.

三％しかない（矢野恒太記念会編 2011：469）。二酸化炭素排出量が地球全体の約半分を占めるアメリカ、中国、インドの三国などを除いた京都議定書の非現実性も残っている。世界の中で一五・三％が温暖化対策に努めても、この三大国が排出量を増やしていけば、地球全体の二酸化炭素削減は不可能である（図３－３）。

### 国際政治力学から処方箋

温暖化問題にはこれら三大国のエゴが鮮明であり、美しい地球に向けての日本的思い込みと率先垂範論による解決は無理で、国際政治力学から処方箋を導くしかない。世界の中で日本が占める排出量はわずか四％程度しかなく、経済の停滞と失業の増大を覚悟して二五％の二酸化炭素削減をしても、世界に占める排出量は三・五％になるだけのことである。国際化の正しい理解からすれば、地球環境のためには日本の排出量四％を三％台に落とすことではなく、アメリカ、中国、インドを含む途上国合計の七〇％の大幅な削減であろう。しかしそのような言動が、ＩＰＣＣをはじめとする二酸化炭素排出量の増加による温暖化論者、すなわち温暖化対策論者に共有されているとは思われない。加えて国際化の専門家（国際政治学、世界経済論、国際社会学など）を称する社会科学者の多くが、二酸化炭素温暖化問題には沈黙したままである。

これらの国際的事実を黙殺した数値比べは、日本では国益を損なうだけである。事業仕分けで大騒動した結果浮かした金額の数倍を、温暖化対策費として世界中にばら撒くことは、一部の政治家や官僚や学者の自己満足にはなるであろう。しかし、未曾有の不況下にあえぎ、「一年で貯蓄を減らした」（二〇〇九年日銀調査）四三％もの国民は、おそらくこのばら撒きに納得しない。数百億円の「事業仕分け」が成立しても、特別枠で途上国向けの「一五〇〇億円」の支援が簡単に政府首脳から公表されるのでは、無駄遣いを根絶するはずの「事業仕分け」そのものが無意味である。

データ捏造による「地球温暖化」は国民生活の危機ではないが、世界的に蔓延した「地球温暖化論」は科学の危機を象徴する。自然科学と社会科学を問わず、科学者には観察された事実に基づいた研究成果発表の社会的責任がある。政治が科学に介入したら、それは科学の危機であり、ＩＰＣＣ主導の二酸化炭素地球温暖化論はその典型となった。

二一世紀の日本でも世界でも化石燃料資源の適切な管理、環境保護、省エネは重要であるが、もちろん省エネは二酸化炭素削減に直結しえない[26]。発電所自体が発電量を落とさない限り、電力面での二酸化炭素削減は不可能である。省エネは光熱費を節約させるが、二酸化炭素削減にはなりえない。たとえば、月間で三〇〇〇円の省エネ効果で光熱費が安くなれば、その三〇〇〇円は外食かビール購入か日曜ドライブかに回されるだけなので、二酸化炭素排出は確実に増大する。

また二酸化炭素は人類にとって悪者ではないという立場も存在する。植物の光合成は太陽光と水と二酸化炭素を主な原料とする。この作用によって、植物は炭水化物を合成して、酸素を放出して、動物はその恩恵を受けるからである（渡辺 2010a：2010c）。

以上を考えると、二酸化炭素地球温暖化論でも、個人的歴史的偶然にいろどられた恣意的要素が、科学者集団の所信を形成する（Kuhn　前掲書：5）ことが理解される。データを捏造してまでも、「信念派」を構成する集団には「恣意的に所信」を一致させたい誘因があるのであろう。「そのときどきの思考の形成や形態は、『存在諸因子』とおよび慣わされている、きわめて雑多な理論外的な諸要因によって規定されている」（Mannheim 1931=1973：156）。たとえば、「社会が炭素経済に移ると、炭素の価値をベースにした取引が始まり、いわば新たな貨幣での経済が構築される」（西岡 2011：157）などは、どの大陸のいつの時代を念頭に置いた発言だろうか。

おそらく「雑多な理論外的な諸要因」の筆頭として「利害関係」が挙げられる。そこでは部分的イデオロギーとしての主張である個人的行為と「主体の全体的思考構造」としての主張が離反することが多い。温暖化問題に熱心なノーベル平和賞受賞のゴアが、日本円換算で毎月三〇万円もの電力料金を使った生活をしている（武田 2010）。これでは科学の特徴の一つである「真理の並存」ないしは相対性の文脈にさえ、二酸化炭素地球温暖化論は収まらない。

## 5　正しい環境理解に向けて

### 研究者の規範

自然科学社会科学を問わず研究者を拘束する規範（規則、習慣、慣習、信念、価値、前提など）には、⑴知的廉直性、⑵観察された事実に基づく認識、⑶系統的な懐疑心、⑷疑問への正確な応答、⑸利害の超越、⑹首尾一貫性がある。これらが欠けたら、二酸化炭素地球温暖化論ですでに証明されたように、「観察された事実に基づく認識」に欠け、各方面からの「疑問への正確な応答」ができなくなる。

二酸化炭素増加を理由とする地球温暖化に関連する無数の社会的事実の中から個々の現象を選び出して、それを科学的な論理に照らしてみるとき、人間の営みが自然現象にどの程度の影響を与えるか。

二〇世紀末からの日本では「環境」が一人歩きをして、空前の「エコブーム」になっている。なるほど「地球に優しい」行為としてのバイオ燃料増産やリサイクル活動は部分的な正義ではある。しかしそれによる潜在的逆機能性としての食料価格の上昇と食料分配の不均衡、ならびにリサイクル費用の高騰にみる非社会性は鮮明だから、地球全体としての正義にそれらは逆効果を及ぼした。

### 「地球に優しい」のは「人に厳しい」社会

加えて、七〇%もの古紙配合率のコスト増自体が環境に「優しくない」ことに、政治も含めて社会全体が無関心でありすぎる。同時に、「地球に優しい」が「人に優しい」と単純に誤訳されるところも非社会性を加速する。「地球に優しい」のはむしろフリーライダーを含む「人に厳しい」社会である。(27)

日本の政官財マスコミそして学界多数派では、一九六〇年代の二酸化炭素が急増した高度成長期に地球寒冷化論が流行した事実を無視したまま、一九八九年のハンセンにはじまりＩＰＣＣが補強し続けた温暖化原因を二酸化炭素のみに還元する主張を守旧してきた。

「観察の方向は、概念の構成にあたって、すでに観察者の意志に導かれている」(Mannheim 前掲書：163)ならば、それは観察者がもつ「利害関係」の同質性を内包する。むしろ日本政府や国立環境研究所は恣意的に、二酸化炭素増大が引き起こしたとする地球温暖化による「二酸化炭素地球温暖化の被害」を作り出してきた。とりわけ、この数年の『こども環境白書』(環境省)では、それらがもはや確定事実のような書き方に終始してきた。たとえば二酸化炭素地球温暖化の「悪い影響」として、(1)異常高温、(2)海面上昇、(3)台風の強大化、(4)生きものがいなくなる、(5)水不足、(6)熱帯の病気が流行、(7)作物がとれなくなる、(8)その他(家畜の生産量が減る、魚の収穫量が減るなど)が羅列されている(環境省 2007b：4-5)。子ども向けとはいえ、鮮明な根拠が示されないままに、意図的間違いが誇張されすぎて、省益が露骨に感じられる。公害の代表であった水俣病の解決を目指した一九八〇年代までの環境庁とは激変した性格を、現在の環境省には感じる。

「地球への優しさ」には、無規制煤煙による塵や二酸化硫黄や二酸化窒素などによる「越境汚染」をしている国に厳しく、同時にその原因物質を出し続けている企業や「人に厳しい」規則をつくるしかない。これが高度成長期の負の遺産として日本人が学んだ水俣病の教訓である。

**社会的に制約される知識**

「思考や知識の大部分は、それらが存在に制約をうけていること、およびそれらが集合体に即して存在していることもとらえる」(Mannheim 前掲書：158)。その存在が同じ階級階層でも、同一コミュニティや社会集団でも、制約が等しいとは限らない。水俣病史初期における資本家と労働組合の協力行動がそれを証明する。「同一のことばや同じ概念が、社会的に異なった地位にある人間や思想家の口にかかると、たいていはまったくちがった意味をもつという事実から出発する」(同右：162)。

同じ文脈は、機能分析の応用の一環として、「社会的な慣例や感情は、同一社会でも或る集団にとっては機能的であり、他の集団に対しては逆機能的なことがある」というマートンの指摘にも認められる(Merton 前掲書：24)。

通常の理解では、

〈資本家、政府、自治体行政、専門家⇕労働組合、被害者住民、一般住民、専門家〉

が予想された水俣病の歴史では、

〈資本家、労働組合、政府、自治体行政、専門家⇕被害者住民、一般住民、専門家〉

が長期間続いた歴史を持っている。一九六〇年代を振り返って一番驚くのは、資本家と労働組合が企業防衛で連携し、被害者や漁業関係者などの一般住民に敵対した構図であった。それを、政府や企業の側についた権威ある専門家が「科学的に」支援した。

**水俣病初期の「清浦アミン説」**

水俣病の発生当時、通産省や企業の側についた専門家の代表的存在は、有毒アミン説の東京工業大学教授清浦雷作であった。宇井純によれば「清浦アミン説は『科学的』にみえて手ごわい」（宇井 1968：148）ものであった。清浦の主張は、⑴水俣湾は日本の工業地帯にある他の湾に比べて汚れていない、⑵水銀濃度も高くない、⑶水俣以外にも魚の中に水銀が多い地方があるが、奇病は起こっていない、⑷有機水銀説の不備、⑸したがって水俣病の原因は有機水銀ではない、というものであり、「応用科学の大権威清浦教授が熊本大学に反対したという対社会的効果は充分に与えた」（宇井 前掲書：149）。

水俣病発生当時の雰囲気は、厚生省が熊本大学による工場廃液有機水銀説を支持し、清浦アミン説を通産省が支持した（庄司・宮本 1964：193：庄司・宮本 1975：32）。なお、「わがうちなる水俣病」として極限状況を描きだした石牟礼（1972：255）にも、清浦は登場する。

大学教授として同じ社会的存在でも、医学の側と応用化学の立場からは科学的な方法や立場の相違が歴然としている。したがって、「問題の設定、そのときどきの問題提起の水準、抽象化の段階、および達成しようとしている具体化の段階、これらすべては、ひとしく社会的存在に制約されている」（Mannheim 前掲書：169）のだが、実際には同じ領域の大学教授でも認識の相違があり、専門の差異も大きく、信念も理解度も人さまざまなのだから、一般的な「社会的存在制約論」は成立し得ない。

「まず相手のものの見方をたしかめ、これをその立場の機能としてとらえることによって、相手を理解しようとつとめる」(同右：171)。ただし二酸化炭素地球温暖化論では、賛成派経済学者でも懐疑派社会学者でも、温暖化に関する科学的データの一時処理がともに不可能であることが議論のネックになっている。科学的「事実」の直接的測定に立ち入れないのである。

その意味で環境社会学の多くが、水質汚濁や大気汚染や騒音、振動、土壌汚染などを技術用語でむり やり解説しても、最終的には住民運動論やNPO期待論で収束する理由もここにある。

「知識社会学は、意識的、体系的に、すべての精神的なものを、例外なく、それを生み出し、またこれとかかわっている社会構造と関連させながら問題としている」(同右：173)。社会構造の構成要因である政治も行政もNPOも学界もマスコミも、一〇年以上にわたり「利害」を一致させながら二酸化炭素地球温暖化論を突出させてきた。このように、二酸化炭素地球温暖化説は「利害」を一致させた「複雑性の単純化」の典型である[28]。そこでは寒冷化や光化学スモッグは消去されてしまった(金子 2009a)。

その結果、現今の地球温暖化対策論や低炭素社会論では、科学的論理に裏付けられた政策展開がなされずに、誤った科学情報が日常生活習慣の変更を強制するかたちをとってきた。省エネと二酸化炭素削減が等価であるかのような言説がまかり通るし、一個の製造にわずか六gの二酸化炭素しか排出されないレジ袋を大々的に追放する一方で、宇沢に象徴されるように、社会的共通資本である高速道路建設、歩道の整備、港湾建設、ダム建設、公園整備などの工事から排出される二酸化炭素には関心が行き届かないままで推移してきた。

大気や水や土壌それにたくさんの社会的共通資本から構成されるライフラインによる物的世界が、人間の習慣と慣習を支える。[29]その意味で、「物的世界は、地球上のすべての生命システムが依存する一般化された資源の究極的基盤であり、それは、すべての生命システムの機能作用の究極的条件となっている」（Parsons 1978=2002：67）。この理解であれば、物的世界の一部である大気の構成データでＩＰＣＣによる捏造が明らかになったことは、生活システムとしても生命システムの機能作用にとっても深刻ではないか。

## 6　自然認識の知識社会学

### ゲーテの自然認識

一九〇年近く前のゲーテ晩年の言葉は、二酸化炭素地球温暖化や環境を取り上げる場合にも考えさせる内容を含んでいるので、いくつか紹介しておこう。「自然というものは測り知れないものであり、非常に変則的なところがあるから、法則を見出すことはなかなかむずかしい」（Eckermann 前掲書（上）：129）。もちろん捏造の疑惑があるデータをいくらシミュレーションに用いても、自然界の法則性に基づく予見は不可能である。[30]

「たいていの人間にとっては学問というものは飯の種になる限りにおいて意味があるのであって、彼らの生きていくのに都合のよいことでさえあれば、誤謬さえも神聖なものになってしまう」（同右：207）。これは知識社会学の先取りともいえる指摘であり、「飯の種」としての研究費や対策費に群れ集うマジョリティの存在は、このゲーテの認識から一歩も出ていない。すなわち、政治家にとっては権力を維持し、加えてクリーンさとグローバルな志向を内外へアピールする手段であり、官僚には環境志向がクリーンさと国際性を保証することが分かり、予算獲得戦略の筆頭にするとともに、許認可権の確保維持目的が濃厚に認められる。

大学や研究機関には二酸化炭素温暖化説への懐疑者も残っているが、とりあえずは研究予算を潤沢にするための便宜としても、二酸化炭素温暖化説を信奉して、予算獲得に積極的になった。寒冷化説を気にかけていても、研究費がなければどうにもならないから、アルキメデスの原理を否定するような「北極の氷が融けたら、海水面が上昇する」という誤った記事を掲載したマスコミに対して、自然科学者はチェックしなくなった。

**温暖化でも寒冷化でもかまわない**

そのマスコミは企業体質が強く、販売部数や視聴率が伸びればよいので、話題は温暖化でも寒冷化でもかまわない。化石燃料の燃焼による二酸化炭素温暖化説が一巡したら、化石燃料燃焼による排出された煤煙や焼畑農業からの噴煙という社会的産物と、砂漠の砂塵や火山爆発の際の噴煙と火山灰という自然的産物、そして太陽黒点の活動の低下などを結合させた結果、地球寒冷化が進んで食料問題が深刻になるとマスコミは報じるであろう(31)。

デカルトによれば、「研究の目的は、現れ出るすべての事物について確固たる真実なる判断を下すように精神を導くこと」(Descartes 1701=1950：9) であるから、「地球寒冷化」要因への目配りは必須である。

日本産業界はかつての四大公害対策によって環境に配慮した技術力を磨いてきた伝統があり、世界標準となった環境保全技術を駆使したクリーンなエコ商品を大量製造し、販売するルートを確立した。それを応用して、電気自動車、太陽光発電、風力発電、リチウムイオン電池などで新しい商品を開拓するために、二酸化炭素温暖化説を借用した印象が強い。

いつでも熱意はあるが、知識や技術は素人レベルのノンプロフェッショナルな組織のままでは、ＮＰＯは国民から支持されないから、今のところは実害のない「二酸化炭素温暖化説」と実害のある「反・脱原発」を信奉して、いろいろなレベルの「対策」を打ち出すことで補助金を得ているところが多い。組織維持の手段を超えないＮＰＯは環境だけにはとどまらず、福祉やまちづくりなど多方面に進出した。

このように、階級階層を超え、党派性も無視して、同一の宗教的基盤にもとぼしい人々が二酸化炭素温暖化説を期せずして大合唱してきた。結局のところ、地球温暖化論を媒介にした利益集団が現出したのである。「観念は、何らかの仕方で関心、衝動、情緒、或いは集合的傾向とつなぎ合わされない限り、また制度的構造の中に具現されない限り、文化発展の中に現実化され、体現されるにいたらない」(Merton　前掲書：423)。

「問題の発端がどこにひそんでいるかを探りだし、それから先は理解できる範囲内に自分をとどめておく……宇宙の運行を測るなどということは、人間業の及ぶところではない」(Eckermann　前掲書（上）：208)。人間業に挑戦する自然科学が入念な思考から観察、実験を駆使して、着実に発展してきたことは事実である。ただ不幸にして気象学では実験が不可能であり、そのためにコンピュータ・シミュレーションを多用することになった。測定データを入れるのは研究者であり、用いるデータの正確性が疑われるようなシミュレーション結果からは、国民への説得力は得られない(32)。

## 論理性への配慮と日常性からの視点

科学における入念な思考とは、後ろ向きな研究（retrospective study）に止まらず、前向きな研究（prospective study）を指しており、それは日本を含めた世界の人類の現在と未来のために行われる。前向きな研究目標とは、将来への社会的適応を可能にできるような研究成果の獲得であり、細かな点にも配慮して注意深く考察する方法を主とする。

その事例として私が重視するのは、論理性への配慮と日常性からの視点である。まず、論理性への配慮不足を象徴する事例を検討しておこう。

北海道庁の広報紙『ほっかいどう』は年六回、奇数月に道民世帯すべてに配布される。まるごと税金の広報紙は、原則として道民の様々な立場に配慮して編集されるものであろう。しかし、二〇一〇年七月号はその原則への配慮がなく、かなり一方的な内容だった。それは「特集」に象徴される。世界全体で進む二酸化炭素による「地球温暖化」は国際社会が直面する最優先の課題であるとの認識が、何の根拠もなく出されている。

これまで触れてきたように、学界レベルでは地球温暖化への疑問も根強く、寒冷化を主張する人々もいる。ひとまず温暖化は認めても、その原因が人為的な二酸化炭素ではなく、活発な太陽活動を強調する専門家も多い。これらへの配慮を一切省略した広報紙面には疑問が残る。

### 北海道広報紙への疑問

加えて、二酸化炭素による地球温暖化が「海面上昇や生態系の変化、洪水をはじめ異常気象による災害の多発など、地球全体に影響を及ぼします」という証拠は今のところ存在しない。それらのほとんどは「仮定法」の世界である。「仮定法」に依拠して、北海道でも「低炭素社会」を実現したいと語るのは自由であるが、税金による広報紙ではふさわしくない。二酸化炭素による地球温暖化論では、その原因論も過程論も結果論にも、世界的に見てもまだ科学的な決着がついていないからである。

広報紙では、「温室効果ガスの中でいちばん量の多い二酸化炭素は、人間がエネルギーをたくさん使うことで増えてしまう」から、排出量を減らそうと呼びかけている。しかしこの呼びかけに本気で呼応できるとは思われない。それにはクルマや家電を使わない、移動しない、活動しない、食べる量を減らすなどのライフスタイルの変容を余儀なくさせられるからである。もちろん工場誘致もできないし、省エネ製品も作れない。

他方で、現在の北海道知事は熱心な観光開発論者である。しかしアジアからの観光客はジェット機利用なので、観光開発は「低炭素社会」づくりとは完全に衝突する。なぜなら、ジェット機は一分間に六〇〇キロもの二酸化炭素を排出するからである。たとえば上海からの一機当たり四時間の往復八時間の排出量は二八八トンにもなる。この二酸化炭素激増は観光開発の一面だが、「低炭素社会」論者にこの簡単な事実の認識は全くない。「二酸化炭素をできるだけ出さない」暮らし方とは何か。食べる量を減らし、経済活動を落とし、ジェット機の観光開発を止めることか。

一番気になるのは、七月号広報紙の末尾で、人間一人が一生涯の呼吸の際に出す二酸化炭素は六・四トンだから、これも三〇本の植樹によって吸収させようというメッセージが出されたことである。[33]そこには、長生きしないほうがいい、多くは産まない方がいいという隠れた主張さえも読み取れる。呼吸による二酸化炭素排出量までも削減対象にするのは常識を超える。

人間存在の原点にある呼吸による二酸化炭素そのものまで政治や行政が統制しようとするのは空前絶後のことであり、過激なＩＰＣＣ活動家に対して世界的に与えられた「環境ファシズム」という批判も的外れではない。

環境税

政府税制調査会は「政府の温暖化対策を抜本的に強化する」ために、地球温暖化対策税を環境税として導入した。現今の無意味な温暖化論を反省せずに、増税までして温暖化対策をしようとする。しかも現行の石油石炭税を五割も引き上げて、その増収分を環境税にした。予想税収規模は二四〇〇億円であり、環境対策と経済成長を両立させるために、家庭、産業、運輸の省エネ対策に振り向けている。

滋賀県知事が提唱した温暖化対策を見ても、この程度で二酸化炭素排出量が二〇三〇年に一九九〇年比で三〇％以上削減する「エネルギー基本計画」が達成されるとは思われない。これまで以上に、その新税に四方から蝟集する企業、研究機関、自治体、ＮＰＯなどが恩益を被るだけであろう。その結果、なかなか二酸化炭素排出量が削減できないとして、増税か効果の点ではうやむやなままになってしまうはずである。

二酸化炭素削減の事例

実施されている二酸化炭素削減の事例を検討しても、そのような試みがうまくいかないという兆候はある。たとえば、北海道のホームページを見ると、道庁は省エネや新エネルギー活用を試みた取り組みに対して、二酸化炭素削減一トンにつき一〇万円を助成する「一村一炭素おとし事業」を始めた。この助成対象は市町村、企業、ＮＰＯなどの共同体（コンソーシアム）であり、二億円の事業予算が計上されている。助成の上限は一〇〇〇万円というから、一〇〇トンの削減がこれに該当する。

たとえば、まだ使える水銀街路灯を発光ダイオード（ＬＥＤ）電球に交換して、年間六〇〇キログラム（〇・六トン）の削減効果を狙い、併せて電気代の七割節減が可能になるという。また、バス燃料の軽油をバイオディーゼルに転換したら、軽油三八七リットルにつき二酸化炭素が一トン削減できるともいわれる。

しかし、使える水銀灯を廃棄して新しい街路灯に変えることは、環境省が長い間建前として堅持してきた３Ｒ（Reduce, Reuse, Recycle）の筆頭原則であるReduce「廃棄量削減」に抵触するし、わざわざ新規に発光ダイオード（ＬＥＤ）電球の街路灯に変更することも「製造必要量の減少」という国の環境政策とは衝突する。年間に六〇〇キログラム（〇・六トン）の二酸化炭素の排出は、ジェット機一分間の排出量に匹敵することを承知しての事業なのだろうか。誤差を意図的に覆い隠した環境政策の裏に何があるか。

### 北海道の一村一炭素おとし事業

道庁によれば、道内の二〇〇七年度の二酸化炭素排出量は年間六四五四万トンであった。一方、この一トン一〇万円の「炭素おとし事業」では年間二〇〇〇トンが予想されており、その比率は〇・〇〇三％にすぎなかった。これでは「塵も積もれば山となる」は該当しないであろう。この二億円は事業効果を狙ったというよりも、環境対策を生業とする関係者組織の維持費用に回される危険性を感じる。

ちなみに二〇一一年度の対象事業は表３‐２のようになる。これらによる全体の削減量は二一四二トンである。新千歳と上海への航空時間が往復で八時間だから、合計すると二八八トンの二酸化炭素の排出になる。だから、この削減量はわずか七回のフライトによる排出量にしかならないが、その補助に一億五四七〇万円が使われるわけである。これは税金の適正利用といえるのか。

### 二酸化炭素は本当に悪玉なのか

空気中に〇・〇三％しか存在しない無色無臭の二酸化炭素は本当に悪玉なのか。環境を守ることは長年の「３Ｒ原則」の着実な実行しかありえないのに、総務省

**表3－2**　北海道の一村一炭素おとし事業（2011年度）

| 自治体名 | 事業の概要 | 交付予定額 | 削減量 |
|---|---|---|---|
| 滝川市 | 家庭や飲食店からの廃油を回収し，それで燃料を製造する設備を公共施設に導入する | 990万円 | 100トン |
| 洞爺湖町 | 温泉旅館やホテルのボイラーを，新しい空気熱源ヒートポンプに転換する | 1000万円 | 153トン |
| 南富良野町と札幌市 | 乾いた冷気で木質燃料を製造して，ベビーリーフのハウス栽培に利用する | 3000万円 | 313トン |
| 愛別町と上川町 | 温泉重油ボイラーの100％自給を目指してチップボイラーに転換する | 2710万円 | 271トン |
| 羽幌町 | 街路灯をすべてLED化する | 530万円 | 54トン |
| 稚内市 | 生ごみや下水汚泥からのバイオガスをごみ収集車２台の動力に利用する | 240万円 | 24トン |
| 北見市 | 商店街と立体駐車場の照明をLED化する | 1000万円 | 148トン |
| 帯広市と音更町 | 温泉熱とバイオディーゼル燃料を使い，冬季のビニールハウスでマンゴーを栽培する | 3000万円 | 397トン |
| 中標津町と釧路市 | 高断熱ビニールハウスで水耕栽培をする | 3000万円 | 682トン |

（出典）北海道庁ホームページ.

は「地デジ」で、環境省や経済産業省は総力をあげての「エコ替え」推進で、それぞれこの大原則を廃棄した。道民悲願の新幹線の札幌延伸すら、膨大な二酸化炭素排出は不可避である。ＮＨＫをはじめとするマスコミは一面的な二酸化炭素地球温暖化論一色であり、与野党政治家は全くこの問題を調整する役割を果たしてこなかった。

しかし科学の精神からすると、このようなレベルを超えて、むしろ二酸化炭素は悪玉ではなく、観光をはじめとした人間活動を活発にして、二酸化炭素が増大しても、「環境の先進地」づくりは可能という視点こそが救いになるのではないか。

政治も行政も科学的な成果を正しく理解して、不偏不党の中立を心がける努力がほしい。誰もどこも責任を取らないまま、誤った原則が大手を振って一人歩きをする二酸化炭素地球温暖化対策現状は、日本の不幸の象徴である[34]。

### カーボンフットプリント

最後に、日常性からの視点を活かした「カーボンフットプリント」について点検しておこう。ここにいう「カーボンフットプリント」とは「炭素の足跡」を意味し、最近の商品では部分的に表示されるようになった。その「足跡」は経済産業省によれば七段階に分けられる。

(1)原材料を育てる段階
(2)原材料を収穫して、工場に輸送する段階
(3)工場で製品化する段階
(4)完成した製品を全国各地に輸送する段階

表3－3　カーボンフットプリント表示（g－二酸化炭素）

| | 規格 | 原材料 | 原材料輸送 | 工場 | 製品輸送 | 店舗 | 合計 | 100g計 |
|---|---|---|---|---|---|---|---|---|
| 北海道グラタン | 360g | 125.0 | 15.0 | 154.2 | 8.7 | 262.3 | 565 | 157 |
| 北海道肉まん | 270g | 126.8 | 4.7 | 115.6 | 6.5 | 195.4 | 449 | 166 |
| 北海道おはぎ | 280g | 80.3 | 9.7 | 178.9 | 2.5 | 272.9 | 544 | 194 |
| 小麦冷凍うどん | 600g | 104.6 | 13.8 | 22.9 | 15.5 | 143.2 | 300 | 50 |
| 丸大豆しょうゆ | 1ℓ | 674.8 | 54.0 | 61.4 | 1.9 | 232.0 | 1,024 | 102 |
| 北海道みそ | 500g | 312.9 | 18.2 | 66.6 | 18.3 | 180.1 | 596 | 119 |
| 北海道新得そば | 200g | 161.0 | 7.8 | 120.9 | 11.3 | 124.7 | 426 | 213 |
| コープ木綿豆腐 | 340g | 36.0 | 29.6 | 239.9 | 2.8 | 46.2 | 354 | 104 |
| コープこんにゃく | 250g | 40.9 | 0.6 | 174.8 | 2.0 | 58.2 | 277 | 111 |
| ミックスベジタブル | 200g | 124.5 | 0.9 | 64.2 | 15.0 | 111.6 | 316 | 158 |
| コープあきたこまち | 10kg | 4,946.1 | 508.5 | 0.5 | 279.2 | 1,966.9 | 7,701 | 77 |
| コープななつぼし | 10kg | 4,603.3 | 89.9 | 0.5 | 279.2 | 1,868.9 | 6,841 | 68 |
| 無洗米あきたこまち | 5kg | 2,309.9 | 236.8 | 0.3 | 140.4 | 1,246.9 | 3,934 | 79 |

（注）「コープさっぽろ」の公表資料による.
合計は小数点以下を省略して表示されている.「100g計」は商品100gあたりの量.

表3－4　調理に関する二酸化炭素排出量の目安（1分間使用時）

| | | | |
|---|---|---|---|
| LPガス | 10.7g | オーブンレンジ | 14.0g |
| 都市ガス | 9.1g | 卓上IH調理器 | 11.8g |
| 電子レンジ | 11.0g | | |

（注）「コープさっぽろ」の公表資料による.

(5)スーパーなどの店舗で販売する段階
(6)消費者が購入して、それを使用し、調理する段階
(7)使用した残りや製品自体を廃棄し、リサイクルする段階

これを受けて、札幌市に本拠をもつコープさっぽろは、独自のカーボンフットプリント表示を二〇一〇年から始めている。独自というのは、(6)と(7)を省略しているからである。たしかに購入された商品の調理の仕方は家ごとに異なるであろうし、廃棄の時期もまちまちであるから、この判断は妥当であろう。

室蘭工業大学の協力を得て、その試算結果が公表されている（表３－３）。また、「調理に関する二酸化炭素排出量の目安」は表３－４のようになっている。たとえばグラタンを電子レンジで温めるのに五分とすれば、五五ｇの排出量が加算されて、グラタンを数人で食べるだけで約六二〇ｇの二酸化炭素が出されたことになる。購入の際に一枚のレジ袋を使用しなければ、六ｇ（環境省試算では六二ｇ）の二酸化炭素は節約されるのだが、これはグラタン全体の誤差の範囲に収まるのではないか。

ここから、グラタン一袋の日常の食品でさえも、その製品化のためには実に五六五ｇの二酸化炭素排出があること、および日常的に使用する電子レンジのなど一分間の二酸化炭素の排出量は、どの熱源でもほぼ等しいことが分かる。

### 持続可能性の見直し

「私たちの環境は正真正銘の意味で習慣である」から、正しい政策判断の結果なら、それを受けて日常的習慣を変えても良いが、いくつもの誤りのなかでは、習慣変更としての温暖化環境に適応することはできない。現今の二酸化炭素地球温暖化論は、当面する山積した重要課題からの逃避に転用されただけであり、与野党政治家の無為無策の証明にすぎない。

学界レベルでも、社会学の発想と知見を活かした地球温暖化対策論や低炭素社会論への参入が期待される。おそらくは、環境研究における科学精神の復権の第一歩は、「持続可能性（sustainability）の偏重は、対応する焦点を失い、あらゆる人々のすべての問題を請け負うという欠陥が残る」（Sutton *op.cit.*：126）という指摘を真摯に受け止めるところから始まるであろう。

「すぐ前にある未来と遥かな未来を区別し、具体的現在が過去のみならず、未来のかくれた傾向も包んでいる」（Merton 前掲書：453）のだから、せめて社会学だけでももっと柔軟な視点から包括的に地球温暖化という環境問題を見つめていきたい。

# 第4章　地球温暖化対策論の恣意性

## 1　政府主導の「二重規範」

### 疑似環境

「それぞれの人間は直接に得た確かな知識に基づいてではなくて、自分でつくりあげたイメージ、もしくは与えられたイメージに基づいて物事を行っていると想定しなければならない」(Lipmann 1922=1987：42)。リップマンはこれを「疑似環境」(pseudo-environment) と命名して、「心の中に抱いている世界像」と実際の環境との非整合性を強調した。私がいわゆる「二酸化炭素地球温暖化」の文献に初めて接した時の感覚は、この「疑似環境」の問題群に連なるものであった[1]。

「人間は環境に直接にふれ、その真実に接して生きるものであるよりも、むしろ環境に関する標語によって生きるものである」(清水 1954：54)。また、「環境―イメージ―人間という関係が成立する」(同右)。これらはほぼ五〇年前に発表された社会学からの「環境と人間」論の一部であり、リップマンの「疑似環境」を下敷きにして、清水が独自に展開した環境論に含まれている(同右：55)。

通常の社会学的な環境理解では、まず自然環境と社会環境が想定され、ともに学問的な側面と非学問的な側面が混在する。そのために「二酸化炭素地球温暖化」という自然環境が放つイメージにも、学問的かつ非学問的な内容が同居して、それぞれに依拠する立場に応じて、思考方法は異なる。人間が自然環境に適応するためには「正しい環境知識」を必要とするが、その「正しさ」の証明が科学的に困難な分野もある。人為的な二酸化炭素排出量の増大による地球温暖化説もまた、この分野に含まれる。第3章で示したように、たとえばIPCCとその信奉者は、この仮説の「正しさ」を強調し、懐疑派による批判の根拠にも一定の「正しさ」があり、決着はつきそうにない。

**シミュレーション依存は限界**

「事実についての『ある見方』が決定的なものとして採用され、また環境についてのある見方が推論の根拠として、また感情の刺激剤として受け入れられる」(Lipmann 前掲書：37)。IPCCの信奉者の「ある見方」は、人為的な二酸化炭素排出量の増大による影響を最優先の課題としているが、懐疑派的視点ではその人為性はせいぜい六分の一にすぎない(赤祖父 前掲書)。

自然科学特有の厳密な実験が不可能な「二酸化炭素地球温暖化」説は、過去からのデータの解析と将来へのシミュレーションに依存するしかない。そこでは、自然環境データの入力に恣意性が不可避的だから、その言説は社会環境もしくは人間の習慣を変えるほどの威力を本来は持ち得ないはずであった。

**「利益」が一致**

しかし、政治思想、信条、宗教、実利、民族、性、世代、階層などの差異を超えて、「二酸化炭素地球温暖化」説に収斂してきた人びとが登場した。それはこの仮説を信奉すると、想定されるある種の「利益」が一致するからである。

かくて、この人為的な二酸化炭素地球温暖化「仮説」は二〇世紀末から二一世紀前半の時代に共有されるようになり、それはIPCCの権威とともに、「有力な知識」に昇格した。しかもこの「有力な知識」への共鳴には、科学者よりも政治家の貢献度が一番高い。

二〇〇九年の麻生内閣における「環境」政策に関連した三大臣の発言が、歴史的価値のある「記念すべき」内容になっている（「麻生内閣メルマガ」二〇〇九年七月一六日号）。政府自らが伝統的な環境政策3R原則を放棄して、「二重規範」を採用していることに対して、三人ともその自覚がまったくなかったのである。[2]

まずは当時の「斉藤鉄夫環境大臣」の発言を全文引用してみよう。

六月十日に麻生総理が、二〇二〇年に二〇〇五年比で温室効果ガスを一五％削減するという、中期目標を発表しました。この目標を達成するとともに、更にその先をにらんで、諸外国をリードする低炭素社会を実現するためには、私たちの日々の暮らしや仕事においても変革が求められます。

こうした「低炭素革命」に向けた取組の一環として、政府は、エコポイントという仕組みを用いて、省エネ家電の普及を進めています。

なぜ、まだ使える古い家電製品を買い換えてまで、省エネ家電を普及することが温暖化対策になるのか、疑問に思われる方もいらっしゃるかもしれません。家電製品から排出される二酸化炭素には、製造段階のもの、使用段階のもの、廃棄段階のものなどがありますが、排出量の約九割が使用段階のものです。皆様が使用されている家電製品が、省エネ性能の高いものに変われば、二酸化炭素の排出量が大幅に削減されることになるのです。また、古い家電は、法律に基づいてリサイクルがされ、新たな商品に生まれ変わります。

今回の制度では、国民の皆様は、省エネ性能の高いエアコン、冷蔵庫、地上デジタル放送テレビを購入すると、「エコポイント」をもらうことができ、取得したエコポイントは、商品券や公共交通機関利用カード、様々な地域特産品、省エネ・環境配慮製品といった幅広い商品と交換することができます。既に七月一日からポイント登録・商品交換手続を開始しています。また、環境活動に頑張る方たちの支援のために寄付することもできるよう、現在、準備を進めているところです。

現在のような厳しい経済状況であればこそ、低炭素革命と経済活性化を同時に実現する、「緑の経済と社会の変革」が必要です。このグリーン家電エコポイント制度は、環境に配慮した製品を皆さんが買い求めるという「消費の変革」を巻き起こし、それが更に環境配慮製品への研究開発・投資を促進させる「投資の変革」につながるという好循環、いわば「低炭素革命に向けた車輪の回転」を促すための非常に重要な一押しであると思っています。国民の皆様におかれましても、是非この機会を活用して、グリーン家電への買い換えを進めていただきますようお願いいたします。

次に「二階俊博経済産業大臣」の発言である。

旅行券や、おこめ券。JRで使えるカード。町の商店街の商品券。さらには、紀州みかんや、夕張メロン。これらは、すべて、「エコポイント」を使って交換できる商品です。商品券や地域の産品など、全部で二万品目。魅力のある商品ばかりです。

こんなロゴマークを、お近くの電器店などで、ご覧になった方も多いのではないでしょうか。

対象は、エアコン、冷蔵庫、地デジ対応テレビの三品目。このうち、エネルギー効率の特に高いものを購入すると、「エコポイント」を得ることができ、それをさまざまな商品と交換することができます。

このエコポイント事業は、麻生内閣が四月に決定した「経済危機対策」に盛り込まれ、五月に成立した二一年度補正予算により、実施されており、大変好評です。

そのねらいの第一は、省エネ性能の高い家電を広めることで、家庭内の消費電力を抑え、地球温暖化の防止につなげることです。まさに、「エコ」です。

第二に、たくさんの家電を買っていただければ、景気対策ともなります。景気がよくなり、企業が元気になれば、雇用の拡大にもつながります。実際に、増産を行う企業も出てきました。

電機・電子産業は、我が国の製造業の一五％を占めています。また家電は、多くの部品を使って製造されるなど、材料、部品、流通、販売といった、非常にすそ野の広い産業です。今回のエコポイント事業によって、経済効果として、四兆円の効果を見込んでいます。

第三に、二年後に迫ったアナログ放送終了に向けて、地デジ対応テレビの普及も進めることができます。

まさに、「一石三鳥」をねらった、世界にも類を見ない、大いなる試みです。この制度を発表して以来、私が参加した国際会議の場でも高い評価をいただくなど、外国政府などからも注目されています。

国民全体が、エコポイントという新しい仕組みに背中を押されて、ちょっとずつ頑張ろうという気持ちになってきています。まさに「もったいない精神」の日本独特の成功事例を世界に示すことができています。

図4-1「エコポイント対象商品」のマーク

制度がスタートした五月一五日、さっそく、私も、東京都世田谷区にある烏山駅前通り商店街の電器店に伺いました。

視察だけのつもりが、商店街の活気と、地域の電器店ならではの人なつっこいご主人のご案内や、近所の商店街の役員の皆さんの笑顔に後押しされて、地デジ対応テレビを購入することとなりました。これで一万二千ポイントいただくことができます。

今月一日からは、いよいよ申請受付が開始しました。一万二千ポイントの使い道に、私は今、頭を少し悩ませています。

このホームページをご覧になれば、皆さんの地元の産品や商品券をはじめ、お気に入りの商品がきっと見つかると思います。

申請手続がむずかしいという方には、家電販売店の方にサポートしていただく制度も用意しています。「エコポイントサポート販売店」というロゴマークがあるお店で、ご相談いただきたいと思います。

このエコポイント制度も、スタートから二ヶ月。おかげさまで、大変評判がよく、売れ行きは実に好調です。こうした景気状況の中にもかかわらず、エコポイントの対象となっている家電の売上は、種類によってばらつきはあるものの、平均すれば、昨年の同じ時期を二割程度上回っています。

期限は、来年三月末まで。長年使ったエアコンや冷蔵庫、アナログテレビをお持ちの方は、この機会に是非買い換えをご検討いただき、この「エコポイント」の輪に加わっていただきたいと思います。


三人目は「佐藤勉総務大臣」の発言である。


エコポイントは麻生内閣の平成二一年度補正予算の目玉の一つとして盛り込まれました。五月一五日に開始して二ヶ月ほどですが、景気対策として着実に成果がでていると実感しています。エコポイント全体については斉藤環境大臣と二階経済産業大臣からお話があったので、私からは「地デジ」の観点で話をします。

デジタルテレビはたくさんポイントがついています。それは、二〇一一年七月のテレビの完全デジタル化に向け、あらゆる国民の皆さんにデジタル放送へと移行していただけるよう、地デジ対応受信機の普及を推進しているからです。

今年三月の地デジ受信機の世帯普及率は六〇・七%であり、着実に伸びてきてはいるものの、まだまだたくさんの御家庭にデジタル化対応していただかなければなりません。

エコポイントがスタートしてからの五、六月のデジタルテレビの販売台数は前年比で一・六倍くらいに伸びたとのことです。環境対策・景気対策のみならず、地デジ受信機の普及にもエコポイントは大きな効果を発揮しているといえます。

また、エコポイントはテレビ購入を支援しているだけではありません。地デジを見るためにアンテナ工事が必要な場合もあるので、「エコポイントサポート販売店」で、ポイントをアンテナ工事に利用できるようにしました。これは「地デジ」普及の大きなインセンティブとなるはずです。

デジタル放送への完全移行まで残り二年となりました。デジタル放送への移行は、テレビを高度化し、また電波の節約によって生活をより安心・便利にする新しいサービスを実現するために必要なものです。エコポイントを起爆剤として、一気に地デジ受信機の普及を進めていきたいと思っています。皆様も是非デジタルテレビを御覧になって下さい。

図4-2「エコポイントサポート販売店」のマーク

政府機関としての環境省が長年主張してきた環境政策3R原則をことごとく無視した記念すべき大臣発言であり、このような与野党を問わない凡庸さが長年の政府の環境行政を動かしてきたことに危惧を覚える。このような発言を繰り返してきた人々は、「三・一一」についてどのような発言と行動をしているのだろうか。

### 環境政策原点は3R

暦年の『環境白書』には「廃棄物の排出量削減と温室効果ガスの排出量の関係」（図4-3）が必ず掲載してある。要は、Reduce（排出抑制）、Reuse（再使用）、Recycle（再生利用）の頭文字をとって作られ

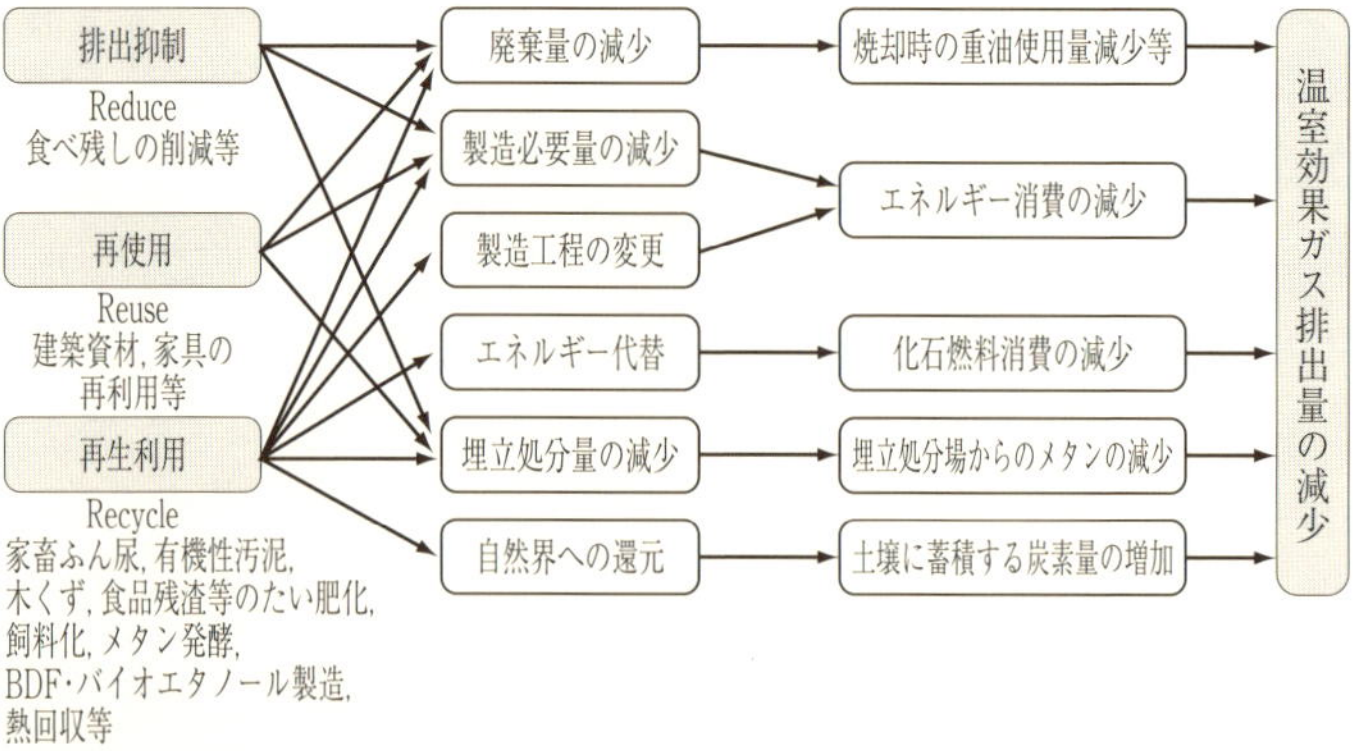


**図４－３　廃棄物の排出量削減と温室効果ガスの排出量の関係**

（出典）『平成21年版　環境白書』：177．および，『平成 23 年版　環境白書』：214．

た日本における「環境政策」の原点に３Ｒが位置づけられる。既述した「大臣発言」はこの大原則を完全に忘却しているし、民主党政権下の環境大臣も同じである。

### ３Ｒの認知度

同じ時期の平成二一年六月調査に内閣府大臣官房政府広報室は「環境問題に関する世論調査」を実施した。図４‐４によれば、この「３Ｒの認知度」は男女ともに三割程度であった。統計的に検定してみると、男女間に有意であるとはいえないことが分かった。何しろ三人の現職大臣が忘却しているのであるから、国民全体でもまた認知度が低いことはやむをえないであろう。

しかし、世代別男性間と女性間にはそれぞれ有意差が検出された。まず、図４‐５では男性の高齢世代ほど、「３Ｒの認知度」が低くなった。すなわち「六〇歳以上」の半数が「聞いたことがない、不明」に該当したのである。同時に「知らない」も二二％あったから、高齢世代の男性の「認知度」は極めて低いものであった。逆に「二〇～三九歳」と「四〇～五九歳」の二世代では、約四割が「３Ｒの

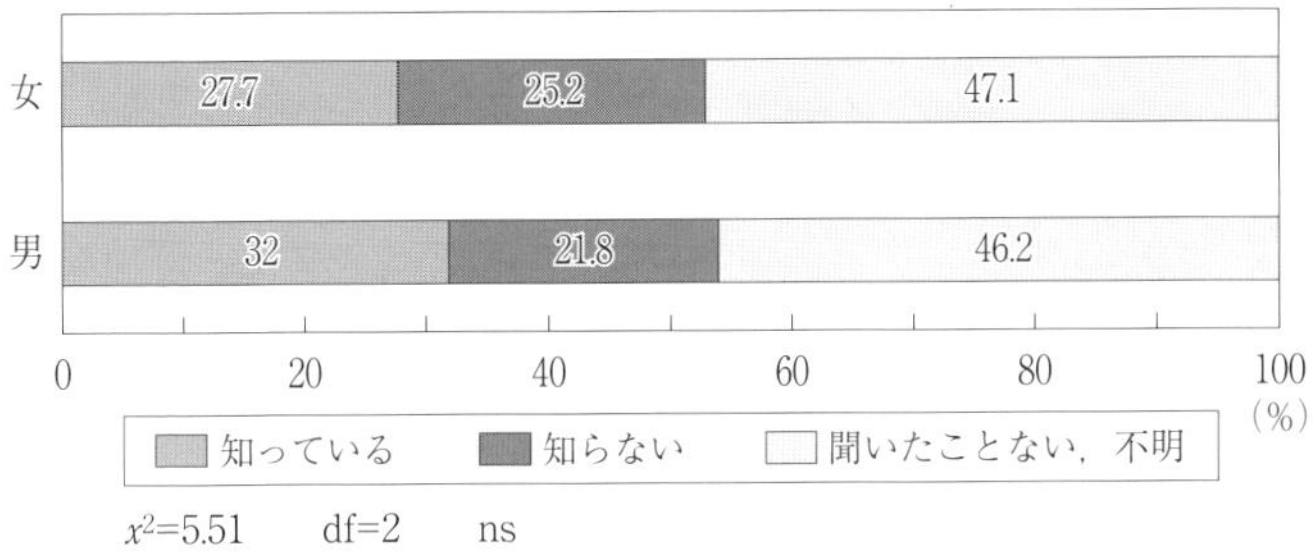


図４－４　３Ｒの認知度

（出典）　内閣府大臣官房政府広報室（平成21年６月調査）．

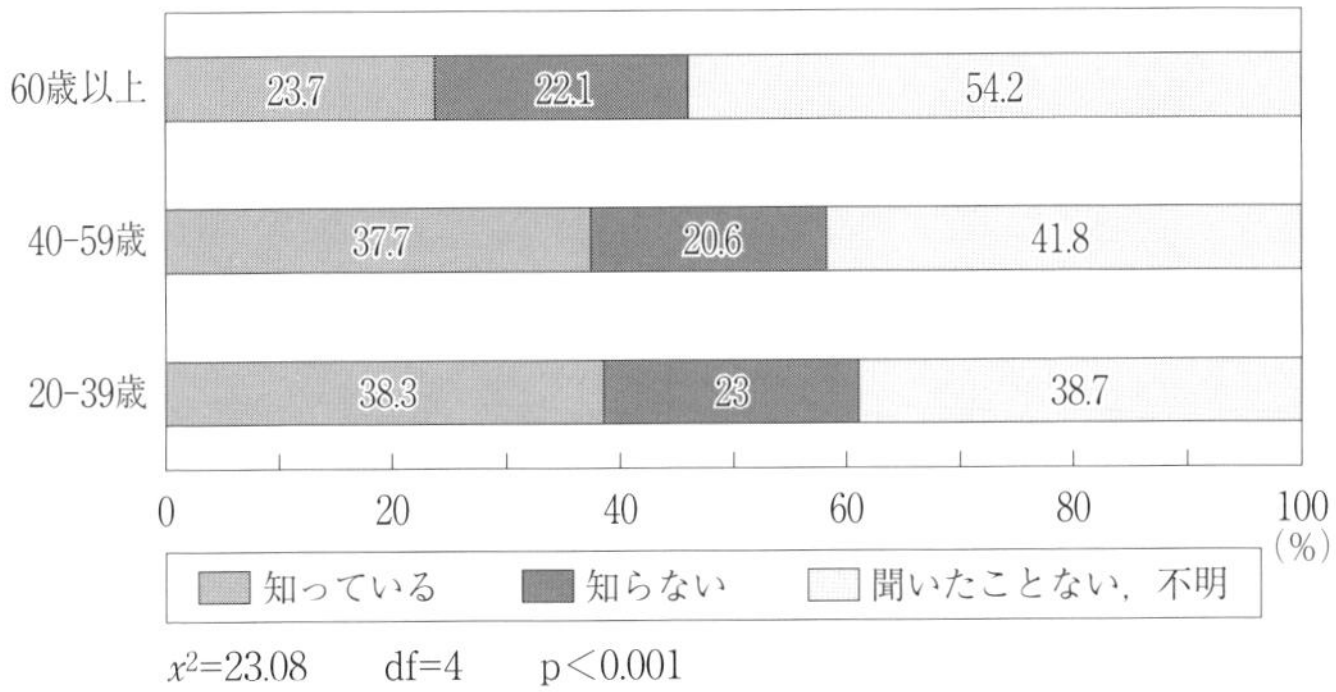


図４－５　３Ｒの認知度（男性）

（出典）　図４－４と同じ．

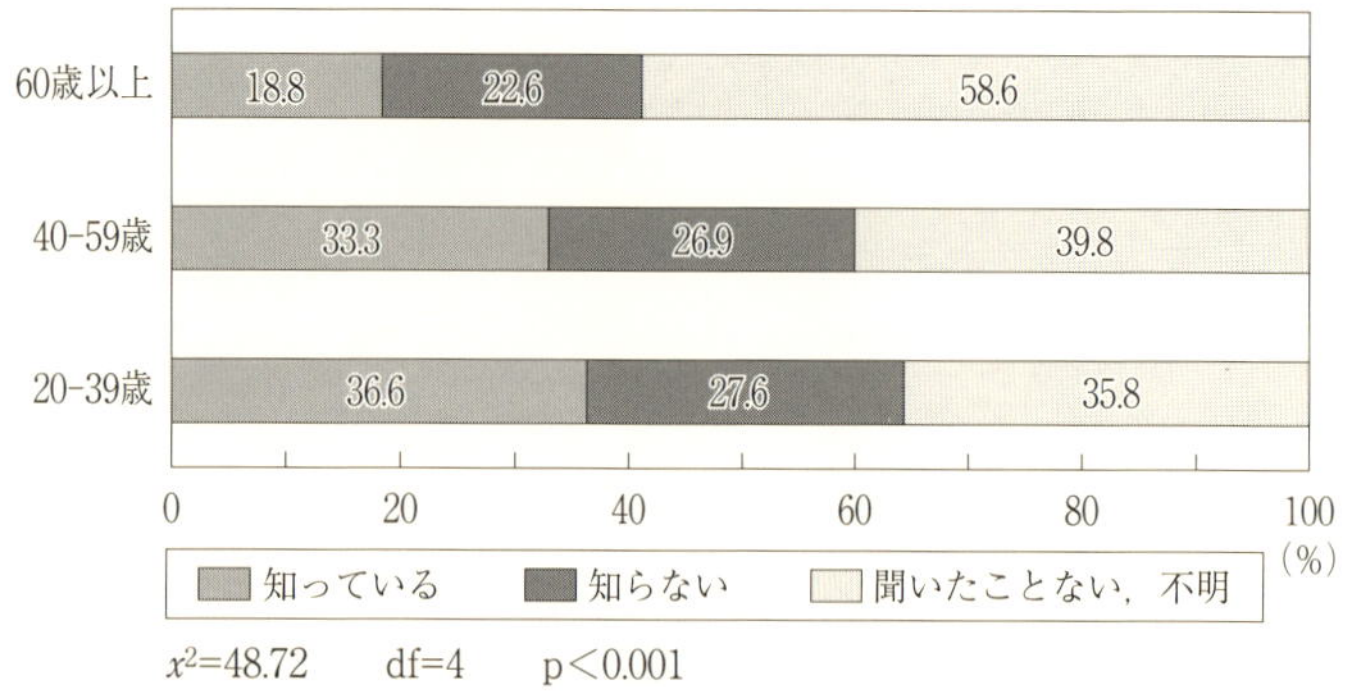


**図4－6**　3Rの認知度（女性）

（出典）　図4－4と同じ.

認知度」を示した。認知構造にも類似性が認められる。先ほどの三人の大臣もまた「六〇歳以上」に該当するから、3Rを知らずにエコポイントや地デジを職責として推奨したことも仕方がないのかもしれない。

同じく、女性間にも世代差が顕著に認められた（図4－6）。男性と同じく、高齢女性の認知度が低く、「六〇歳以上」では二〇％を割り込んだ。「二〇～三九歳」と「四〇～五九歳」の二世代でも、三五％前後が「3Rの認知度」を示した。両世代における認知構造には、男性のそれとの類似性が認められる。

「エコ替え」や「エコポイント」制度と3R原則筆頭の「廃棄量の減少」や「製造必要量の減少」は、真っ向から衝突する。まだ使えるテレビを権力的な電波変えによって廃棄させれば、膨大な「廃棄」が発生する。もちろん「古い家電は、法律に基づいてリサイクルがされ、新たな商品に生まれ変わります」にすべての家電が該当するわけではない。また、リサイクルが一〇〇％可能でもない。途上国にそのリサイクル製品が輸出されれば、数年後はその国で最終的な処分が必

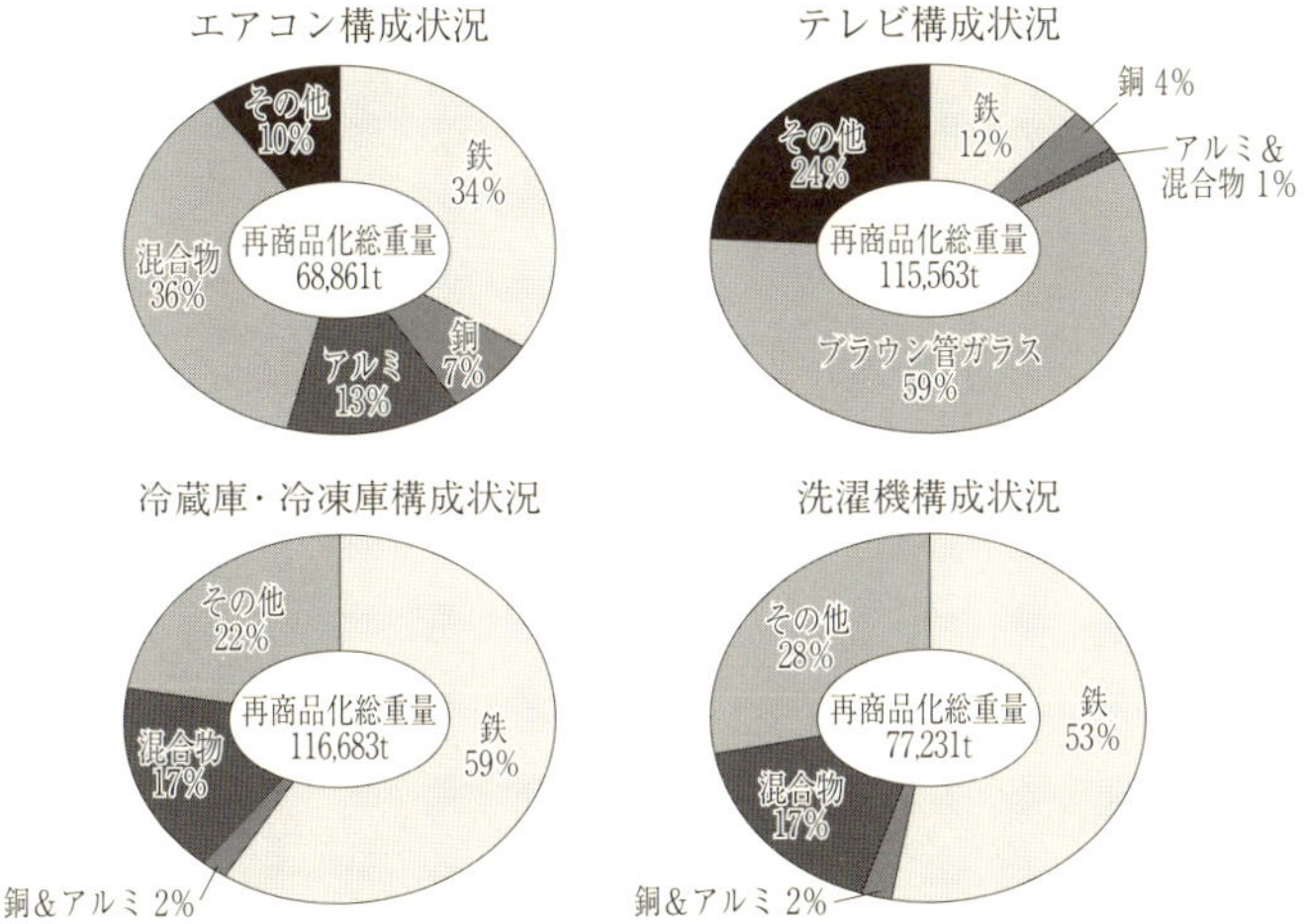


**図4－7**　家電の素材

（出典）『平成21年版　環境白書』：191.
（注）「その他」とは，プラスチック等である。再商品化総重量は平成19年度分。

要になり、焼却、埋め立て、海洋投棄のいずれかで、地球には大量の負荷をかけることになる。だから「家電製品から排出される二酸化炭素には、製造段階のもの、使用段階のもの、廃棄段階のものなどがありますが、排出量の約九割が使用段階のものです」も極めて疑わしい。

なぜなら、一億台のテレビ製造にもビデオとアンテナも冷蔵庫も洗濯機製造もまた、図4－7で明らかなように、鉄にしてもアルミにしても大量の輸入原材料によって製造されるからである。この過程からの二酸化炭素排出を無視するわけにはいかない。日本や外国の工場への輸送段階でも、商品の組み立て加工に際しても、そして家電量販店への陸送においても、いずれも化石燃料の大量消費を不可避とする。したがって、使える家電製品を廃棄させ、新しく増産すれば、「二酸化炭素

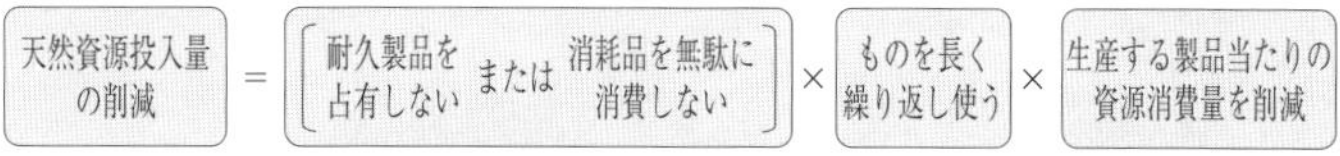


図4-8　天然資源消費量の削減の考え方

（出典）『平成21年版　環境白書』: 166.

の排出量が大幅に削減されることになる」ことはありえないのである。

「たくさんの家電を買っていただければ、景気対策ともなります。景気がよくなり、企業が元気になれば、雇用の拡大にもつながります。実際に、増産を行う企業も出てきました」は、経済産業省の本音ではあろうが、景気の回復に比例して二酸化炭素排出量は必ず増加する。環境省は経済産業省の本音をどこまで理解しているのか。(3)

このようないくつかの政府官庁と同じく、環境省でさえ3Rを放棄したことにより、公害問題対応で国民の信頼を勝ち得て、一九七一年に設置された環境庁以来の光輝ある環境政策史は汚れてしまった。

### 無内容な「エコ」や「グリーン」

加えて経済産業省や総務省が多用する「エコ」や「グリーン」は無内容である。環境省の本来の業務も「エコ」や「グリーン」を唱えることではない。「エコ」や「グリーン」をたとえ商品に命名しても、原材料輸入と製品製造過程と商品販売過程という一連の産業活動が活発になれば、廃棄物も二酸化炭素排出量も必ず増大する。

図4-8で分かるように、「消耗品を無駄に消費しない」、「ものを長くくり返し使う」、「生産する製品当たりの資源消費量を削減する」は、正しい「エコ」の考え方である。これは暦年の『環境白書』で強調されてきた。その大原則を関連する三大臣が平気で踏みにじり、「資源消費量」を増大させようと主張する。図4-3に照らして、現今の「エコ」や「グリーン」のどこから、「『もったいない精神』の日本独特の成功

事例」という評価が出てくるのか。

もし本気で、社会全体における天然資源消費量の削減を進めるのであれば、「地デジ」をどうすればよかったか。その答は簡単である。地デジを権力的に強制せずに、デジタルとアナログの両電波を五年間共存させることが解決の近道であった。なぜなら、例年テレビの買い替え需要が八〇〇万台あったのだから、現在のアナログテレビ五〇〇〇万台でも七年後にはほぼすべてがデジタル化するからである。

## 「弱者」の味方にはならないマスコミ

「地デジ難民」や「テレビ難民」などの発生で、総務省はじめ政府と政治家の信用が下落することを想定すれば、七年間の猶予期間は大きな意味がある。しかし推進派は、その段階ですでに地デジ対応を六割の国民が行ったから、いまさら延期するのは申し訳ないというキャンペーンを行った（『北海道新聞』二〇〇九年七月一九日）。これはまさに逆転した論法である。時々はきまぐれに「弱者」の味方としても発言するマスコミは、地デジにしても二酸化炭素削減にしても脱原発にしても、現体制寄りの姿勢が徹底していた。

二年前にメルマガで発言した三人の大臣は、二酸化炭素削減を十分に考慮したとは思われない発言内容が多い。これを署名入りとした勇気には敬服するが、政権担当してきた自民党が二〇〇九年の選挙で惨敗したのもこの凡庸さであれば当然だといえる。

しかし、その後の選挙で大勝した民主党にも、「高速道路政策大綱」で打ち出した「高速道路無料化」については、勘違いが目立った。二〇一〇年五月の連休中やお盆の期間に実施された「高速千円」政策では、以下のような事実が報道された。「高速道路どこまでも千円」を政策的な売り物にした連休中の日本各地では、空前絶後の混雑が発生した。新聞各紙からも、三〇キロ以上の渋滞が全国の高速道路で五八回も発生、ガソリン売り上げは前期に比して二〇％増加、長野市善光寺には二〇七万人の参拝客が押し寄せ、有名な讃岐うどん屋には四時間待ちの行列が出来て、一日六〇〇〇玉の売り上げが出たという凄まじさが伝わってくる。(4) また、昨年比で外国旅行組は四三％も伸びて、東京国立博物館にさえも一二万人の入場者が溢れ、ＥＴＣは一店当たり千件待ちとなった。

お盆期間でも、高速道路で一〇キロ以上の渋滞は、前年と比べて実に一・六倍の四九八回にも達したのである。これらは確かに部分的なＧＤＰを押し上げたであろうが、同時に二酸化炭素の排出もまた前年に比べたら、膨大な量に達したはずである。人間が社会活動をしても経済活動をしても、そこには必ず二酸化炭素が発生する。なぜなら、毎年の『環境白書』でさえも、ＧＤＰの伸びと二酸化炭素排出量増大とは正相関する事実を明記しているからである。

### 科学的知見の無視

にもかかわらず、一方で「高速千円」を売り物にしながら、他方では二酸化炭素の排出規制に多額の予算を回そうとする自民党から民主党にいたる歴代の政府主導による「地球温暖化対策論」は、何よりも「科学的知見の無視」と「恣意性」が特徴的であった。そして、新政権が公約して結局は二年後に頓挫した「高速無料」化は、二酸化炭素排出量増大に貢献した「高速千円」の反省に乏しい愚策であったと総括できる。

おそらく二大政党が競って「高速無料」を推進してガソリン消費量を拡大させ、「エコ」のためと称して家電やクルマの買い替えを進めるために乱費する構造は、国家と資本主義とが二一世紀に入ってから新しい段階に突入したことを意味する。

## 2　「国家先導資本主義」社会の成立

### 「エコ」と「グリーン」特効薬の強制的注入

二〇〇八年九月証券大手リーマンブラザーズの破綻に端を発した「百年に一度」の未曾有の不況は、アメリカ資本主義の象徴でもあったGMの破産をもたらした。これはアメリカの「くしゃみ」どころではないので、「風邪を引きやすい」日本では、より積極的な「エコ」と「グリーン」という特効薬の強制的注入が始まったのである。

そのアメリカの「くしゃみ」が自動車、家電、情報機器という外貨獲得トップ3の日本業界と個別企業の業績を悪化させたので、国家が市場に干渉する根拠として「エコ」と「グリーン」を前面に押し出して、国家先導の新たなる市場開拓を始めた。その他の食品、文具、製紙、印刷、ホテル、運送、繊維、製薬、建設、教育などの業界は日本国内市場のなかで商品展開をしてきただけであったが、これらの三業界は外貨を稼ぐ力量があったために、国家自らが外貨獲得トップ3のためにセールスを開始したのである。(5)

### 機能的要請としての「環境ファシズム」路線

おそらくは、経済界からの機能的要請としての「環境」路線が、「エコ」や「グリーン」の名目のもとで完成しつつあるのであろう。新しい「国家先導資本主義」(国先資)の誕生である。「共同体の機能的要請(共同体の機能的達成のための要件functional requisites)は絶対であり、全成員の無条件の献身が要求されるようになる」(小室 1991：60)。

環境省が長年の経験から導き出した3Rという世界的にも通用する環境基本原則さえも捨てて、「温室効果ガス排出量の増大」を伴う製造と販売を増やす方向に国家が走り始め、あいまいな「エコ」のために全国民は使用可能なテレビとビデオを全て廃棄せざるをえなくなった。「全成員の無条件の献身」そのものが「地デジ」に象徴された。これは社会正義の観点からも疑問が残る。

「テレビを高度化し、また電波の節約によって生活をより安心・便利にする新しいサービスを実現するために」といいつつも、番組内容は一貫して後退してきた。ラジオはすでに若者から見放され、営業収支は悪化している。長年にわたり軽佻浮薄性を蓄積してきたテレビ文化はどうであるか。二〇一五年に訪れる高齢化率二五％の社会では、高齢者に見放されるのではないか。また二〇〇九年七月の総務大臣の発言にある「電波の節約」が、なぜ「生活の安心・便利」になるのかの説明も不十分であった。

そこには政治家にふさわしいと期待される「全体的コンテクストにおける波及を考慮しつつ、社会現象を制御の対象として分析する能力」（同右：75）が完全に欠如している[6]。

## 補助金支出の限度

さて、「日本国憲法」第八九条は「公の財産の支出又は利用の制限」が明記してある。「公金その他の公の財産は、宗教上の組織若しくは団体の使用、便益若しくは維持のため、又は公の支配に属しない慈善、教育若しくは博愛の事業に対し、これを支出し、又はその利用に供してはならない」。

この文言を素直に読めば、多くの私立教育機関や各種の福祉団体それにＮＰＯへの補助金支出は不可能だと思われる。しかし実際には、私立大学への補助は毎年三〇〇〇億円程度で行われており、それを政治家、学界、財界、マスコミ、国民各層は支持している。ＮＰＯへの支援も不十分とはいえ、いろいろな方策で補助がなされている。

慈善と博愛に関連が深い福祉や介護の業界にも、もちろん多額の公金が使われていて、それを誰もが「よし」とするし、もちろん私も同じ立場である。

たとえば、平成二二年度から月額保育料の上限は全国自治体では一律一〇万四〇〇〇円であるが、名古屋市の四割引から北九州市の二割引までの範囲で、政令指定都市では大きな割引がある（金子 2007：2）。すなわち、保育料に投入される公金の比率が異なるのである。他方で、政令指定都市以外の多くの自治体では、国が定めた上限一〇万四〇〇〇円を遵守している。

しかし、厳密にいえばそれもまた憲法第八九条には抵触するのではないか。大多数の国民が支持している公金の支出なのだから、そろそろ憲法上の表現を現実に合わせて変えようという動きは皆無であり、すべてがなし崩し的な運用ですまされる。いわゆる「弾力的運用」や「柔軟性」の観点のみが恣意的に用いられるだけである。この「弾力的運用」体質が、二酸化炭素をめぐる環境行政ではますます強くなってきたように思われる。

**恣意性の流入が無制限**

特段の基準がないのだから、それは適用する側が思うままに、柔軟な決定により対処するから、自治体と国でも自治体間でも違った対応結果がもたらされる。「情緒が人間行動の是非善悪の判定基準とされる場合には恣意性の流入は無制限であり、権力の横暴に対する歯止めは存在しない」（小室 前掲書：48）。この現状が二一世紀に鮮明となった「環境ファシズム」のもとでは濃厚に認められる。

たとえば、この数年、憲法八九条の慈善、博愛、教育にも該当しない民間企業が製造する商品購入の際に、多額の公金を支出することが、「エコ」の名目で国家が市場に干渉するかたちで進められている。

これを七月の経済産業大臣は「『一石三鳥』をねらった、世界にも類を見ない、大いなる試み」と自画自賛した。

それは「エコ」でない商品だと二酸化炭素を排出する量が多くて、地球の気象を狂わせ、地球温暖化を進めるからだという大義名分からである。しかし、人為的な二酸化炭素が地球温暖化の主な原因だとするのは、単なる仮説にすぎない。「地球温暖化は目には見えず、ただの可能性にすぎず、現在の可能性でしかなく、何十年後、あるいはそれ以上あとになってようやく現れると予想されていることでしかなかった」(Weart 2003=2005：197)。

冷静さを放棄してまで人為的な二酸化炭素地球温暖化を信奉して、「エコ」商品を乱売する理由として、私は「国家先導資本主義」社会の成立を想定する。

アジア大陸からの偏西風の影響をまともに受ける日本においては、無規制を続ける中国その他の東アジアから排出された二酸化炭素の影響が極めて大きい。毎日の天気図からもそれは明瞭であろう。この気象上の条件を考慮しない「エコ」や「グリーン」政策を国家が独走して行い、借金を積み重ねて特定商品の大量生産と大量消費を強制する資本主義的構造が、ここ数年の「環境保全」やサステナビリティを錦の御旗として完成したという印象が強い。

### 官僚主導の「二重規範」的支援

完全自由市場では外資獲得力をもつ大手企業活動の存続が危ぶまれるので、公金を使っての官僚主導の「二重規範」的支援が強化された。ただし、「官僚的思考の致命的限界は、イマジネーションの不足と視座の限定からくる、新環境の総合的把握能力の欠如である」(小室 前掲書：57)。

加えて「チルドレン」や「ガールズ」に象徴されるように、与野党の政治家はその公金支援対象商品のすべてが、輸入された膨大な天然資源を使って製造されている実態に無頓着である。政治とマスコミをコントロールしたうえで、「エコ」や「グリーン」と命名された三〇〇近くの商品のみ、日本市場では税金を恣意的に使った公金が投入されて、販売促進がなされるという「国家先導資本主義社会」が完成した。

国家は巧妙に、その際の旗印に二酸化炭素による地球温暖化論の危惧を使ったのである。企業もまた広告費を使ってのマスコミ経由で、「エコ替え」という摩訶不思議なメッセージを量産して、国家の独走を支えた。この象徴は、発電所からの電力を自宅で一四時間も充電して、一六〇㎞走行する電気自動車の二酸化炭素がゼロであるというCMである。一四時間の充電は発電所で作られた電力を購入することなのだから、その一四時間に二酸化炭素が排出されるのに、そのメーカーは二酸化炭素ゼロというCMを半年間も流し続けた。

年度の後半はさすがに気がついたのか、通常の排ガスに含まれる二酸化炭素よりも減少すると修正したが、これを制作した広告代理店、およびその内容をくり返したマスコミの責任は大きいであろう。ちなみにその会社のホームページでは、一回の充電でも夏場にエアコンを動かせば一〇〇㎞、冬にヒーターをつけると八〇㎞しか走行できないと注意書きしてある。

**電気はよいが、どこから得るか**　ガソリン車ではエンジンが動いた後に二酸化炭素が排出されるが、電気自動車はエンジンを動かす前の一四時間にも及ぶ充電で、二酸化炭素を排出していることになる。

まさしく「電気はよいが、どこから得るか」（伊藤・渡辺　前掲書：202）が問われている。また、一四時間に及ぶ充電でも、冬場にヒーターを使えば八〇km程度しか走らないのでは実用化の点で疑問が残る。これに関連した今後の技術革新にどこまで期待できるか。

この不安を表明するのは、水素を燃料とし、二酸化炭素などの温室効果ガスを排出しない燃料電池車について、総務省が「多額の予算に見合った普及台数になっていない」と批判したからである。ここにいう燃料電池車は水素と酸素の化学反応による電気で走行し、排ガスを出さない「究極のエコカー」とされてきたが、その実態は以下のようなものである。

### 低公害車開発普及アクションプランの失敗

政府は二〇〇一年に定めた「低公害車開発普及アクションプラン」で、二〇一〇年度までに五万台の普及を目標に掲げ、二〇〇四年度から四年間、技術開発などに約一九七億円の予算を投入した。しかし、民間による水素供給拠点は全国八カ所から一二カ所に増えただけであり、二〇〇七年度の普及台数は全国でわずか四二台にとどまった。総務省は「多額の予算投入に見合う普及台数となっていない」と指摘して、経済産業省など四省に目標設定や普及促進策の見直しを勧告した。燃料電池車は一台数億円と高く、リース料だけでも年間一〇〇〇万円前後に上り、併せて燃料電池の耐久性が低いといった課題がある。

永久運動機関や錬金術は、常温核融合とともに夢の一つではあろう。「必要は発明の母」は真実だが、実際にはコストと有効性という基準によって、その夢は放棄される運命にある。

### 「自由競争」の擁護と干渉

さて、「国家先導資本主義」社会の「二重規範」の事例は、「エコ」と環境の間だけにあるのではない。二〇〇五年衆議院選挙で争点になった郵政民営化論争では、民間による自主競争こそが高度資本主義にふさわしいとした人々が、二酸化炭素地球温暖化論では税金を投入した「エコポイント」制まで創り、自由競争に介入した。一方で「自由競争」を擁護しつつ、他方で「自由競争」に干渉する矛盾に、与野党、マスコミ、学者、二酸化炭素による温暖化対策論者などは気がつかないか、分かっていても黙っている。(7)

生存をかけた国家と巨大資本が「環境」までも取り込む方策がここにある。これこそが国家独占資本主義が変質して、「国家先導資本主義」が新たに構成された基本要因である。国際化のなかで生存競争をかけて外貨を獲得する企業や業種に対して、国内市場の展開に有利なように国が公金を支出し、その根拠に二酸化炭素が悪者にされた。

それを環境省が無視して、他の省庁が横に並び、与野党政治家が不問に付し、マスコミは黙ってしまった。環境省自らが、毎年の『環境白書』で主張してきた3Rを平気で破り、『こども環境白書』では誤解を招く針小棒大な内容を提供し、義務教育でも教えてきた。

## 3　環境の機能分析

### 環境の限定的使用

一九九〇年代からの単純な二酸化炭素地球温暖化論の担い手の間に、階級的、階層的、世代的、ジェンダー面、コミュニティ面では必ずしも等しい社会的存在性は読み取れないにもかかわらず、二一世紀に至って二酸化炭素地球温暖化論としての大合唱にまとまった背景に、この種の「利害関係」を感得できる。

まことに「一度、理論が『遅滞』、『推進』、『時代錯誤』、『偶然』、『相対的独立性』、『究極の依存』のような諸概念を含むと、理論は極めて不安定、極めて不明確となり、そのため実質上どんなデータの配置とでも折合いがつくようになる」(Merton 前掲書：438)。この典型例を今日まで流行してきた単純な二酸化炭素地球温暖化論に見る。

このような特徴をもつ二酸化炭素地球温暖化論者がハワイのマウナロア観測所のデータ、すなわち年間で三ppm、一〇年間平均で一〇～一五ppmの二酸化炭素濃度上昇を唯一の根拠として「びっくりグラフ」まで動員しながら、温暖化対策を「推進」させようとする理由に、主唱者間の「利害関係」の一致が想定されるのである(8)。

**正確な事実を読み解く**

「さまざまの力が相殺しながら協力しているこの領域を中心として、われわれは人間の環境Cを考えることが出来る」(清水 1954：124)にもかかわらず、「さまざまの力」を消去してひたすら単純な二酸化炭素地球温暖化論のみが「相対的優位性」を保っている。そのような人為的な環境危機に呼応して、国家先導資本主義により、日本国民の中に「環境に優しい」、「環境を守る」、「温暖化防止に役立つ」商品の開発と普及がなされようとしている。

「人間のもつ環境Cを環境Aから作り出すものは、有機的な構造及び機能と共に後天的社会的な習慣、態度、信仰、欲求のごときものである」(同右：124)から、まずは正確な事実の提供として情報公開が求められる。誤った単純な二酸化炭素地球温暖化論に適応して、「後天的社会的な習慣、態度」を修正することは無意味どころか禍根を残すであろう。

**公害と似て非なる地球温暖化問題**

環境が人間に災いとなった歴史は公害に象徴される。とりわけ日本では、一九五五年以降の水俣病患者の悲惨さが深刻であり、同時に政府の対応の遅れが大きかったことから、一九六七年の「公害対策基本法」、一九七〇年の公害関係諸法改正整備、一九七一年の環境庁設置をもたらし、一九七二年には「自然環境保全法」の制定につながった。

化石燃料からの二酸化炭素排出は同時に二酸化硫黄や二酸化窒素の科学物質を伴っている。公害問題という発想は全体的認識だから、この全体発想が環境問題にも有効である。ところが環境社会学の側からは、公害問題の多くが加害者として特定できる企業や政府が可視的であったのに、二酸化炭素地球温暖化論では加害者が特定できないという新しさがあるという。「地球温暖化問題は、敵手が存在しにくい」（長谷川 2003：50）。

しかし四日市ぜんそくは、はたしてどこまで敵手が見えたか。水俣病のチッソ、第二水俣病の昭和電工、イタイイタイ病の三井金属などは確かに可視的ではあったが、光化学スモッグの敵手は具体的に特定化できなかったのではないか。

しかも、水俣病を筆頭に四日市ぜんそくや光化学スモッグでは被害の現状が鮮明だったのに、二酸化炭素地球温暖化論では、百年先の将来的な海面上昇による臨海都市の水没の予想か、ツバルの水没危機予測か、異常気象すべてを温暖化の原因とするような粗大な議論が続いている。不思議なことは、着実な人口減少が見込まれ、年金、医療保険、介護保険への重大な影響が確実に予想できる人口見通しにはまったく鈍感な人々が、二酸化炭素地球温暖化による水没などの被害予想には敏感すぎるという構図が認められる点である[9]。

### 偏重した思考方法が「敵手」

おそらく温暖化推進要因としての二酸化炭素それ自体は、「上流」としての製造面でも等しく発生するのに、議論では「下流」の消費面の二酸化炭素排出しか取り上げないから、「敵手」が見えにくいのではないか。あるいは「敵手」とは特定企業や特定国家や国民全体ではなく、そのような一方に偏重した思考方法そのものではないか。

なぜなら、二酸化炭素自体は無害であるどころか、ビニールハウスの温室効果で証明されるように、植物の成長促進剤でもあるのだから。食料増産のための温室効果は長い間プラスシンボルであった。それは英訳で greenhouse effect とされている点にも象徴的である。「二酸化炭素の追加によって『肥料を与えられた』状態の空気の中だと植物はよく生い茂ることが多い」（Weart 前掲書：129）。

**温室効果はマイナスか**

しかし greenhouse（温室）のもつプラスイメージは、大気汚染という公害問題の一環という枠組ではなく、二酸化炭素単独による地球温暖化論の隆盛とともに声高に論じられつつ、急速にマイナス方向に変化した。そこでは、大気汚染物質としての二酸化硫黄、二酸化窒素、一酸化窒素、一酸化炭素オキシダント、浮遊粒子状物質、降下ばいじんには触れつつも、最終的にはすべてが無視されて、地球温暖化対策としての二酸化炭素削減のみが叫ばれるようになったのである。

この論調の変化は意図せざる効果を生み出した。それは、二酸化炭素以外の大気汚染物質問題は解決されてはいないにもかかわらず、論議の対象にならないために、国民レベルでは忘却されてしまうという現象を導いた。しかし、中国からの越境汚染による西日本地区の光化学スモッグの頻発は、けっして公害としての大気汚染が消滅してはいないことを教える。理科年表とは異なり、環境白書でさえ「黄砂は、森林減少、土地の劣化、砂漠化といった人為的影響による環境問題として認識が高まっているとともに、越境する環境問題としても注目が高まりつつあります」（環境省 2007a：113）と書かざるをえない。(10)

　二酸化炭素地球温暖化論には、このような「敵手」が鮮明で、被害も明らかな公害の実態を無視して、二酸化炭素による地球温暖化とその対策を優先させたい特定の意志が垣間見える。まさしく「私たちの問題を解決する方法に関する、あらゆる合理的議論は、必然的に、ある種の間違った社会通念を放棄することを要求している」（The Impact Team 前掲書：140）。この「間違った社会通念」とは「問題はいつか消えてしまう」という表現に象徴される健忘症である。

## 間違った社会通念の放棄

　世界的にも日本でも、この種の「問題はいつか消えてしまう」健忘症は広く分布する。水俣病や四日市ぜんそくやイタイイタイ病など、直近の歴史的事実である公害問題にふれつつも、そこから学べない二酸化炭素地球温暖化論もその事例である。

　同時にこの時代は温暖化よりも寒冷化が議論の中心になっていた。地球寒冷化により食料危機が発生して、人口爆発する途上国は餓死者が増大するというのが世界的危機論であった。食料を提供できないような政府は国民が見放し、転覆させ、その国際的影響は計り知れないと案じられていた。なかでもアメリカＣＩＡレポートをその The Impact Team が一般向けに書き直した『気象の陰謀』（1977＝1983）は、寒冷化理論の集大成となっていた。私が環境論を学んだのはこの辺りからであった。

## 寒冷化論は不要か

　このエッセンスは「地球はなぜ、冷えてきたのか。地球に届く日光の量と空間に再輻射される量とに、影響を与えるという意味で関与している主要な要素は、三つある。火山灰と、人口の塵と、二酸化炭素である。主な塵源のうち変動しやすいのが、火山活動と人口の汚染である。……もし人間が燃料を燃やして大気中に送りこんだ、かなりの量の、しかも次第に増大した二酸化炭素がなかったら（つまり温室効果がなかったら）、この塵のために地球はもっと寒冷化してであろう」（The Impact Team 1977=1983：263）。

「地球は巨大な熱交換機関である」（同右：53）を無視した結果、顕在的逆機能としては二酸化炭素以外の要因の後回しによる大気汚染の進行とその被害の増加が指摘できる。普遍的な環境論では、公害問題に象徴的なように、大気汚染、水質汚濁、悪臭、騒音、振動、土壌汚染、地盤沈下などへの目配りが広くなされていた。注目すべきは温暖化ではなく大気汚染という包括的認識にある。

**大気汚染は二酸化炭素を原因としない**

そこで取り上げられた汚染物質は、二酸化硫黄、二酸化窒素、一酸化窒素、一酸化炭素オキシダント、浮遊粒子状物質、降下煤塵であった。日本人の環境意識は「大気汚染」をもっとも気にしており、なかでも大気汚染の判断指標に、二酸化硫黄、二酸化窒素の組み合わせは最近まで利用されていた（環境庁 1977：102-171）。

そして、今日いわゆる温暖化の元凶とされている二酸化炭素への配慮は皆無であった。もとより二酸化炭素自体は無害である。二〇一一年版でも、それらの有害物質の記述はあるが、公害問題が激しかった時代とは異なり、まずは二酸化炭素地球温暖化対策が先頭におかれたという時代特性が『環境白書』にすら顕著にみられる。

二一世紀初頭から官民連携で広く国民意識に浸透した二酸化炭素地球温暖化論は、それまでの世界中に浸透していた地球寒冷化論を忘却させるという顕在的逆機能を発揮した。地球寒冷化により食料危機が発生して、人口爆発する途上国は餓死者が増大するという世界的危機論がいつのまにか消えたのである。

### 異床同夢の地球温暖化論

階級階層を超え、党派性も無視して、同一の宗教的基盤にも乏しい人々が二酸化炭素地球温暖化論を期せずして大合唱しているという印象を現今のマスコミ報道からは振り払えない。それらは同床異夢ではなく、まるで「異床同夢」なのである[11]。

マッキーバーの環境論にはこの点でも正確な認識があった。それは社会的ジレンマ論の先駆けともいうべき内容である。「各特殊集団は、機構化された利害集団（interest group）となって、自分自身の利益をもとめるために、全体の社会をきずつける……特殊利害の追求は、このようにして、共通利害にマイナスとなる」（MacIver 1949=1957：85）。このような思考方法が全地球環境を守る際にも有効だが、温暖化論者は個別利害のみを強調し、先進国の二酸化炭素削減を主張しながら、途上国の二酸化炭素排出は容認する。ないしはその分を、ビジネスとしての排出権という形式で、途上国が先進国に売り渡すのは構わないというスタンスが鮮明である。

すなわち、単純な二酸化炭素地球温暖化論の推進によって、日本国民の中に「環境に優しい」、「環境を守る」、「温暖化防止に役立つ」商品の開発と普及を行い、国民全体にその購入を増加させ、使用頻度を拡大させ、これにより「利害関係」を一致させようとする社会的勢力が想定される。二酸化炭素削減を謳えば、むしろ環境負荷が多くなっても古紙リサイクルは善行だと見なす環境保護団体は今でも存在するし、アルミのリサイクルさえ進める人々もいる。

また森林保護にも異論が並立している。一方で割り箸は熱帯雨林の破壊につながるからと批判しつつ、他方では使用済みの割り箸の焼却が二酸化炭素を発生させ、温暖化を招くという暴論もある。この手の「生協理事であるオバサン」に、北村は「どんど焼きにも盆の迎え火、送り火にも反対しろよ」（北村

1992：130）と正しく批判をする。この生協理事レベルの認識だと、大衆浴場の煙突からの煙にも蒸気機関車の運転にも温暖化批判を加えることにならざるをえない。

### 潜在的逆機能である食料減産による飢餓危機

単純な二酸化炭素地球温暖化論への私の危惧は、その潜在的逆機能が、読み間違えた寒冷化作用によって、繰り返すが世界的な食料減産による飢餓危機に直結するところにある。

二酸化炭素地球温暖化のみ最優先した環境論の流行が「科学的根拠にもとづいて、地球温暖化の事実を認識している」（橋爪 2008：63）のならば構わない。しかし、実際は「地球温暖化は本当なのかという、科学的『真理』の問題ではない。……これは生き方、態度の問題だ」（同右：63）という指摘すら同じ本人から出されているのであれば、そのような議論自体に疑問を抱かざるを得ない。歴史的にみても「科学的根拠」そのものが疑われたり、部分的な真理しかなかったり、温暖化すべてを説明しきれていない。

しかし、誤った事実によって炭素税まで負担するような「生き方」を拒否する国民は多いであろう(12)。「人類」の一員という認識がないままに、煤煙も塵も無規制なままに垂れ流す国々に、他にも回すべき課題が山積している先進国で、その税金から支援をする外交政策に疑問をもつ「態度」も十分にありえる。ODAがさまざまな利権の温床になりやすかったことはこれまでの歴史が証明しているからである。

### 「生き方、態度」では分からない環境論

橋爪が力説した「生き方、態度」という文脈は「問題が粗大」としても乱暴であり、社会学の側からのアプローチとしてもふさわしくない。なぜなら、これは「科学を超えた」宗教に近く、論理的な説得力には乏しいからである。

橋爪の論理展開は科学論における誤った推論方式になっており、この思考方法では二酸化炭素地球温

暖化論の証明は不可能である。温暖化促進要因だけの二酸化炭素をいくら分析しても、寒冷化促進要因の塵や二酸化硫黄と水蒸気の結合である硫酸塩エーロゾルの放出が野放しでは、地球大気全体への温暖化効果は不鮮明なままである。「塵による汚染の増加は二酸化炭素の増加と逆の働きをするのだから、寒冷化と温暖化のどちらが起こるのか誰にもわからない」（Weart　前掲書：118）。この認識がむしろ正しいであろう。

同時にフロン、メタン、一酸化二窒素など三〇種類もの微量気体にも温室効果があり、それらを「合計すると、二酸化炭素そのものと同じくらい大きな地球温暖化をもたらす可能性がある」（同右：162）から、二酸化炭素単独温暖化論にはそもそも論理的な無理がある。

**温室効果ガスの温暖化係数**

表４－１で温室効果ガスの温暖化係数を比較すると、二酸化炭素の温暖化寄与率よりもメタンで二三倍、一酸化二窒素が二九六倍、フロンでは一二〇〇〜二万二〇〇〇倍も高い効果をもつことがＩＰＣＣの報告書でさえ記している。すなわち、二酸化炭素の削減だけの温暖化対策の主張には、その有効性についても限界があることを明記しておきたい。

**宇宙船地球号**

世界的に見ても早い時期に「宇宙船地球号」という包括的な視点から「エコダイナミックス」を論じたボールディングが、「大気中の二酸化炭素濃度の上昇が化石燃料の燃焼により生じ、これが温室の役目をして、太陽からの高強度の輻射は取り入れるが、地球表面からの低強度の輻射の放出は阻止する。……しかし、今や恐れなければならないのは新氷河時代であるようで、地球は非常に急速に冷却しつつあり、過去二〇年に未曾有の気温低下があった。だが、誰にも理由は解っていない」（Boulding 1978=1980（下）：101-102）とのべたのは三〇年前である。

表4-1　さまざまな温室効果ガスの温暖化係数

| | 産業革命前の大気中の濃度 | 2005年の大気中の濃度 | 人が排出する主な原因 | 地球温暖化係数 |
|---|---|---|---|---|
| 水蒸気 ($H_2O$) | 1〜3% | 1〜3% | — | — |
| 二酸化炭素 ($CO_2$) | 280ppm | 379ppm | 化石燃料の消費，セメントの生産，土地の開発 | 1 |
| メタン ($CH_4$) | 0.7ppm | 1.77ppm | 化石燃料の消費，ごみの埋め立て，稲作，畜産 | 23 |
| 一酸化二窒素 ($N_2O$) | 0.27ppm | 0.32ppm | 肥料の使用，工業生産 | 296 |
| フロン類 | — | 0.000538ppm (CFC-12のみ) | 電子工学製品の生産，工業製品の生産，冷却剤の使用 | 120〜22000 |

（出典）　西岡秀三監修『Newton 別冊　地球温暖化』ニュートンプレス，2008：65.

その理由は、「地球は明らかに非常に大きなシステムに掌握されているのであって、それに比べれば人間の活動などはまだ泡である」（同右：226）という認識にあった。そしてボールディングが一番恐れたのは誤った「引き金システム」（trigger system）の作動であった。二酸化炭素のみの温暖化論を、私はこの誤った「引き金システム」の典型例として考えている。

もし一九七〇年代のボールディングが古ければ、「科学者というものは、ある科学的な疑問に対して提案された答えを『真』または『偽』に分類することはめったになく、むしろ真である可能性がどれくらい高いかを考える」（Weart 前掲書：67）という指摘はどうか。今日、二酸化炭素だけの温暖化論で「真」にどこまで近づけるか。いや近づけないから、橋爪がいみじくも主張した「生き方」論にすりかえられるのである。

おそらく「恐ろしいまでに複雑で、解決不可能かもしれない問題」（同右：170）である温暖化論の単独要因に、二酸化炭素が決定的勝利を収めたとは考えられない。それなら懐疑派は退場するはずである。逆の印象さえある現段階では、「最も重大な科学的進展は、地球温暖化の気候変化が二酸化炭素だけの問題だけではないという認識が増してきたこと」（同右：213）にある。もしそうならば、別の正確な温暖化要因および寒冷化要因を拾い上げて、全体的な気象システムを論じるしか科学的推論の道は残されていないはずである。

## 4　二酸化炭素地球温暖化論の科学パラダイムへの変換

### 排出量の八〇％削減

二〇〇九年八月三〇日の衆議院選挙の直前に、環境省はこれまでの３Ｒを無視した形で、「二〇五〇年に温室効果ガス（大半が二酸化炭素）排出量を八〇％削減」方法を発表した。世界全体に占める日本の排出量は四％に届かない現状で、率先して現在の八〇％も減らして、世界に「貢献」しようというのである。中国やインドその他の途上国は垂れ流しが続くというのに、自国の経済成長を落としてまでも、二酸化炭素排出量削減にのみにこだわる姿勢は、非科学的精神そして政治的センスの欠如の象徴である。

なぜなら、図３－２で示した（一〇九ページ）ように、ＧＤＰの動きと二酸化炭素排出量とが正の相関を示すことが環境白書にさえも明記してあるからである。この事実を無視した「断定と頑固は、愚昧の明らかな証拠である」（Montaigne　前掲書：358）の典型であろう。

当時発表された環境省のプランを診断しておこう。その基本は、現在の発電構造を見直し、今後に期待される太陽光発電、小規模な水力発電など「再生可能エネルギー」を大幅に導入するところにある。

GDPの成長率を年二％に想定した経済発展重視の場合は、「再生可能エネルギー」の比率が二割強、成長率が年一％で、都心から地方への人口が分散する地域重視の場合は三割強とされている。そうすれば両方ともに八〇％の二酸化炭素で削減が可能だというが、このロジックは不思議であった。

そこで、当時の発電の現状を見ておこう。日本における二〇〇六年度の発電内訳は、水力が八・四％、火力が六五・〇％、原子力が二六・一％となっており、クリーンだとされる太陽光発電は内訳にすら入っておらず、地熱発電が〇・三％、風力発電が〇・二％を占めていた。二〇〇七年度になると、水力が七・二％、火力が七〇・三％、原子力が二一・一％となり、地熱発電が〇・三％、風力発電が〇・二％であることは前年と変わらなかった（矢野恒太記念会編 2009：131）。日本では一九九〇年あたりから、基本的な発電構造はあまり変わっていない。国土構造と輸入も含めた使用可能な資源の制約によることはすでに第2章で指摘した。

## 太陽光パネル生産でも二酸化炭素は排出される

かりに最も厳しい温暖化対策案のように太陽光発電を最大幅の五五倍にしても、基本的な発電構図は不変であり、むしろ太陽光パネル生産のための二酸化炭素排出量が大量に発生するから、低炭素社会への到達は容易ではない。

二酸化炭素温暖化対策の大合唱に隠れた原子力発電量が占める比率は、一九九〇年での二三・六％が二〇〇〇年で二九・五％に伸びたが、その後は二〇〇五年が二六・三％、二〇〇六年が二六・一％となっており、二〇〇七年度はその比率が下がってしまった。

しかし、発電量を落とさずに二酸化炭素削減を進めるには原子力発電に依存するしかない。〇・三％の地熱発電や〇・二％の風力発電を、たとえ二〇倍にしたところでどうにもならない。二酸化炭素地球温暖化対策論の背後に原子力業界が控えていたことは周知であり、「必要な対策」の自民党政府案では、原子力発電稼働率が現在の八〇％から九〇％への上昇が想定されていた。このことは二酸化炭素地球温暖化対策論では高唱されてこなかった。計画に見る原発への隠された期待を国民はどう判断するかについて、詳しい情報公開が求められる(13)。

同時並行して実施予定の二酸化炭素を回収して地中に埋める技術の導入は、二％の経済発展を重視するならばすべての火力発電所に、一％では石炭火力だけにすると書かれていた。技術水準や導入に当たって生じる費用の問題が現在の予算配分基準で可能かどうか。そして二％と一％では二酸化炭素削減の全体量はもちろん異なるが、どうすれば両方で現在の八〇％削減になるのだろうか。

さらに将来に向けて進める電気自動車の実用化と大幅な普及には、早朝と夕方に発生する集中的な充電に耐えるための発電所増設が必要であるが、細かな議論にはなっていなかった。今のところ環境省にとって、「集中的な充電」を賄う際の発電所増設、そのコストおよび二酸化炭素排出の増大は、地球温暖化対策として考慮外なのであろう(14)。

## 高齢化率は三五％

とりわけ、都心から地方への人口が分散する地域重視の場合については、この時代の高齢化率が三五％前後になっているという国立社会保障・人口問題研究所予測をもっと真剣に受け止めたい（図４-９）。この高齢化の進展予測は繰り返されている(15)。高度成長期とは逆に「少子化する高齢社会」においては、高齢化の進展とともに人口移動は低下するので、地方への人口分散は容易ではない。分散する人口がいなくなるのが「少子化する高齢社会」の特徴である（金子 2006a）。

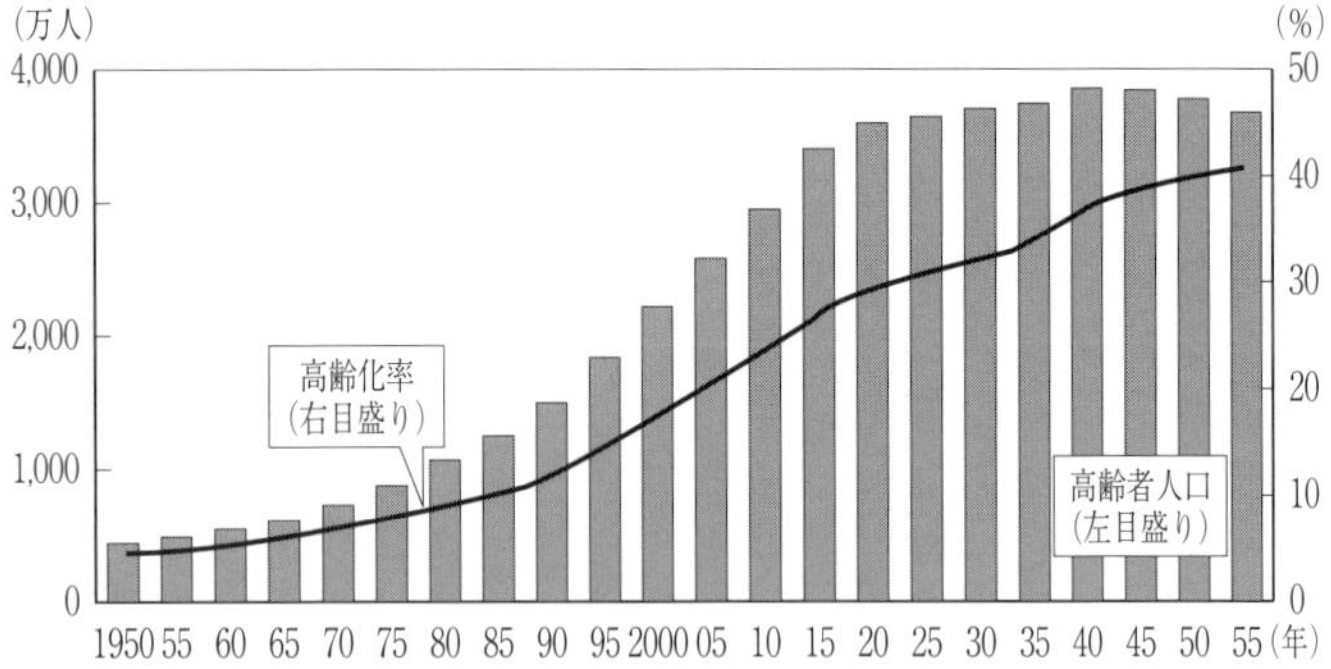


**図４－９　高齢化の推移と将来推計**

（注）総務省「国勢調査」と国立社会保障・人口問題研究所「日本の将来推計人口（2006年12月推計）」による.

### 学問は実際生活の疑惑から始まる

環境省に見る高齢化がらみの議論の粗雑さはしかたがないが、その欠陥を補う政治家や温暖化論者も少ないので、せっかくの二酸化炭素排出削減計画と人口移動の議論も画餅に等しい。

現在のように、単純な二酸化炭素地球温暖化論にのみ関心を置きすぎて、毎年三兆円の予算を投入しても、山火事による煤煙や砂漠の砂塵や火山爆発による噴煙など寒冷化を引き起こす多様な国際的要因が発動する危険性がある。そのために、気候学や大気物理学では、バランスの取れた地球環境論があらためて創造されることが望まれるし、社会的にも地震学者を含めた自然科学者の責任倫理と見識が問われる状況が続いている。

その自己反省がなければ、日本でも長期にわたり社会環境を構成してきた個人習慣の変容と、社会慣習の変革を強制する説得力に欠ける。なぜなら、地球寒冷化を放置すれば、先進国以上に途上国での食料危機と飢饉が拡大するからである。加えて、高齢化する先進国からのＯＤＡはこれ以上の増額が見込めない。高齢化圧力はどの国でも選挙で

**表４－２　地球温暖化論の機能分析**

| | 正　機　能 | 逆　機　能 |
|---|---|---|
| 顕在的 | 環境論自然科学への関心の拡大<br>科学技術の職業への選択増加 | 地震学との比較に見る気象学の問題<br>シミュレーションの功罪 |
| 潜在的 | 正しい理科知識の普及<br>「複雑性」の単純化の限界 | 誤った原因による個人習慣の見直し<br>誤った原因による社会慣習の見直し |

の内政志向を強めるので、票にならないＯＤＡ増額はますます困難になる。

二〇年来の二酸化炭素地球温暖化論を機能分析で整理する（金子 2009a）。表４－２において、機能とは、一定の体系の適応ないし調整を促す観察結果であり、逆機能とは、この体系の適応ないし調整を減ずる観察結果である。したがって、顕在的正機能としては、地球温暖化をはじめとする巨大技術への関心の高まりが期待される。環境の正しい理解は日本や世界そして地球全体にとっても等しく重要であり、小中学校で理科への関心の乏しさが嘆かれる今日、環境を媒介とした自然科学への取組に若い世代が関心をもつことは歓迎できる。北極の海氷の融解は海面上昇には直結しないという中学理科の知識は、二一世紀国民に共有されて当然である。

**複雑性の単純化**

機能分析の結果、地球温暖化への影響源は二酸化炭素だけでなく、水蒸気やメタンそれに太陽黒点などの促進要因があるのに、そこでは一切省略されていることが分かる。同時に二酸化炭素地球温暖化説は「複雑性の単純化」の典型でもあり、寒冷化や光化学スモッグが消去されている。

もとより自然を観察した過去と現在の事実に立脚した正確な分析だけではなく、コンピュータシミュレーションを多用する気候学や大気物理学では、その研究方法への功罪が問われる。恣意的なデータ入力をくり返して、当初の目論見を再現するだけでは、シミュレーション科学への期待も急速に萎むはずである。なぜなら、シミュレーション結果は事実ではないからである。

**偽善エコロジー**　潜在的逆機能では、誤った原因による地球温暖化論が、個人の習慣や社会の慣習を無理やり変化させることが指摘される。ダイオキシン問題でも、同じ種類の欠点が「偽善エコロジー」として一括されてきた（武田 2008)。

武田は、国民に広く浸透した「環境を守る」行為の筆頭であるレジ袋の使用控えをはじめ、割り箸の追放、ハウス野菜や養殖魚を買わない、バイオエタノール増産、冷房二八度で温暖化防止、生ゴミの堆肥化、プラスチックのリサイクル推進、古紙や牛乳パックやペットボトルなどのリサイクル促進、ごみの分別推進など、現代日本で「環境を守る」とされている個人の習慣や社会の慣習を、データを掲げてすべて否定する（同右)。

これによって、長期にわたり、いかに「環境を守る」行為が誤解されていたかが分かる。これらはすべて「科学からの借物の権威が、非科学的な教説にとって有力な威信のシンボル」(Merton 前掲書：500）になってきた事例である。

それらを反省して、国や自治体それに環境学界やマスコミ界は、本質的な「環境を守る」行為とは何かを、科学的なデータによって早急に国民に開示する義務がある。

**思考様式の社会的被制約性**　かりに知識社会学の観点で二酸化炭素地球温暖化イデオロギーを分析すると、どのような結果が得られるか。マンハイムによれば、二酸化炭素地球温暖化論のような「部分的イデオロギー概念は、つねに隠蔽、欺瞞、あるいは嘘として特徴づけられるような主体の一定

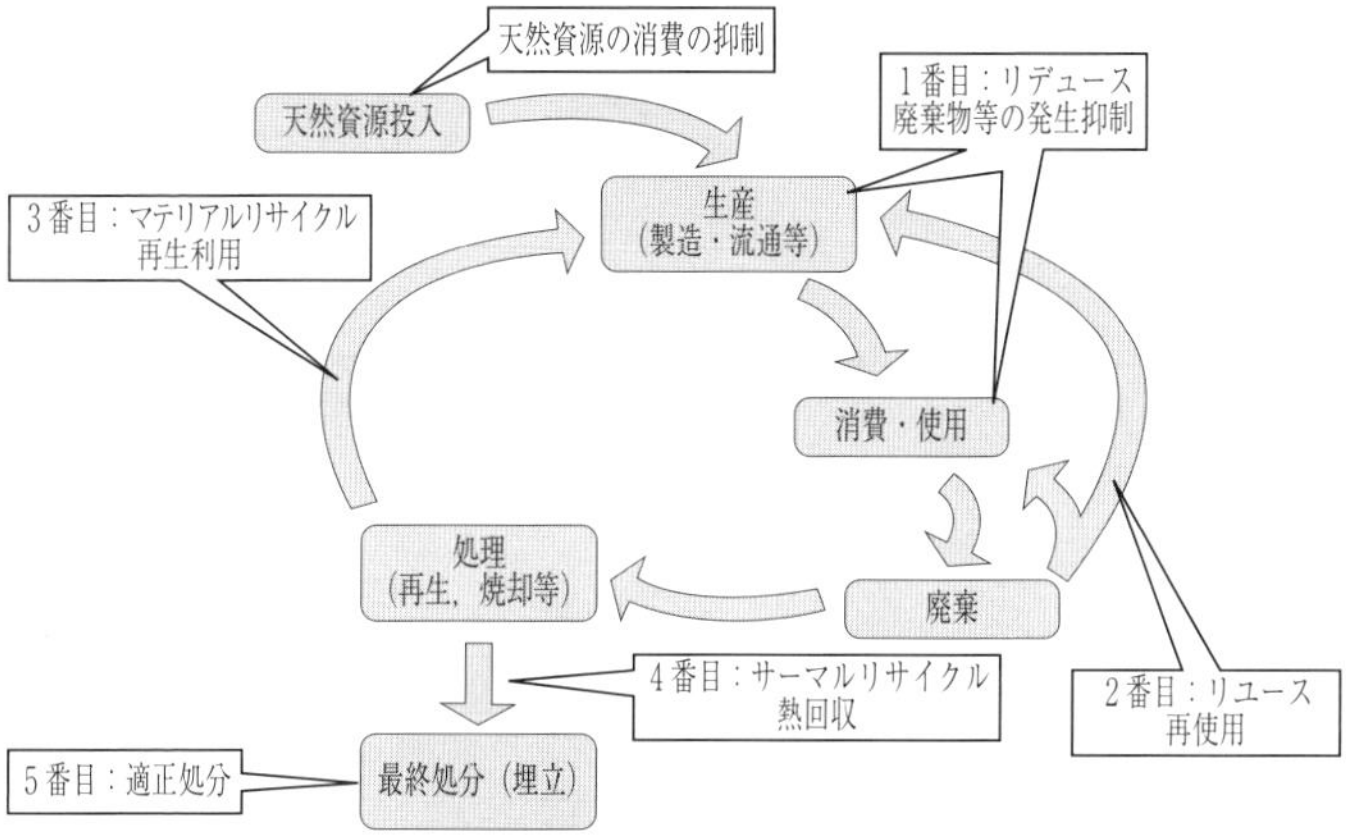


**図４－10　循環型社会の姿**

（出典）『平成21年版　環境白書』：209．および『平成23年版　環境白書』：247．

の陳述にだけかかわって」（Mannheim 1931=1973：154）いるので、原則論に立脚した全体像からのチェック機能こそが重要になる。

まずその出発点では、日本で長い時間をかけた環境大原則としてまとめられた３Ｒを、国民各層も企業もそして政府もまた遵守する義務を再確認することになる（図４－10）。要するに、製造と流通の両方を含む「生産（製造・流通）過程」では、一方で原材料である莫大な天然資源の輸送と投入を行うから、その段階で廃棄物も二酸化炭素も大量に発生する。そのような「生産（製造・流通）過程」で完成したすべての商品は出来るだけ丁寧に消費・使用して廃棄しないように心がけることが、天然資源の有効活用の視点からも、地球環境のためにも望まれる。それらを包括する第一原則のReduce（廃棄物等の発生抑制）は、廃棄物の減少（make less）を意味する。そのために、まだ十分に使えるテレビを、権力的な電波替えで無用の長物にしてしまう地デジなどは愚策の象徴であった[16]。

他方、商品には必ず耐久年度があるので、その時期がくれば廃棄は当然である。しかし、その中でもレアメタルなどは再利用出来る部分があるのだから、きちんと取り出して別の商品製造に使う。これはReuse（再利用）という第二の環境原則である。

第三の原則はRecycle（再生利用）であり、古紙や古鉄に代表されるように、「マテリアルリサイクル」として実際に行われている。新聞紙が回収され、製紙の原料の一部になってから久しい。ペットボトルやカンビンの類もまた再生利用されてきた。そして第四には「熱回収」（サーマルリサイクル）がある。地域暖房に典型的なように、ゴミ焼却時の熱を利用した温水を一定地域に循環させる方式も定着している。

### 小さなリスクを過大評価した「地球温暖化」

少子社会の研究を行ってきた私の経験からすると、二酸化炭素地球温暖化論ではロンボルグの「大きなリスクを過小評価して、小さなリスクを過大評価する」（Lomborg 2001=2003：547）を深刻に受け止めざるをえない。なぜなら、今日過小評価される大きなリスクの筆頭には「観察された事実」に基づく「少子化する高齢社会変動」があり、その一方に、過大評価される小さなリスクが、イフの連鎖である「仮定」を幾層にも累積させた「地球温暖化」があるからである。「すぐ前にある未来と遥かな未来を区別し、具体的現在が過去のみならず、未来のかくれた傾向も包んでいる」（Merton　前掲書：453）。

このような日本で毎年三兆円をつぎ込み、二〇〇九年三月にウクライナからの排出分を別予算枠で「価格は公表しない」まま三〇〇〇万トン購入した[17]。しかしそれで、地球全体の排出量が削減されるわけでもない。おそらく京都議定書の縛りを忠実に受け入れれば、合計で一億トンの排出枠を「価格は公表しない」で買うことになり、利権の発生と国費のムダ使いがそれだけ進むであろう。

この一億トンは、京都議定書を忠実に守る日本に義務付けられた六％の排出削減のうちの一・六％に該当する。公表された買い取った三〇〇〇万トンは約三割なので、あと七〇〇〇万トンの排出枠がチェコやハンガリーやポーランドなどから購入される見込みであったが、その後は公表されなかった。

**誰が思いついたか**　「こんな考えを思いつき得るのは、一体どのような種類の人なのか。それが問題となる筈だ」（Merton　前掲書：418）。これはもともとフロイトの主張であるが、マートンはわざわざ（注）で引用している。このような所説、信念、観念体系を新しい脈絡の中で再検討して、「本当の意味」を明らかにし、それらのものの額面価値を割引くことが社会学でも求められている。

自動車、発電、家電、住宅などへの国費を集中投資する根拠として、官僚と政治家によって二酸化炭素地球温暖化の脅威が使われた。国民に負担を求めつつ、経済面ではGDPが下がり、失業率が上がるというような省益優先の体質を、選挙当選しか念頭にない与野党の政治家たちはチェックできなかった。国家が先駆けた「国家先導資本主義」社会は、二〇一一年七月に「地デジ」を達成した。

「問題の設定、そのときどきの問題提起の水準、抽象化の段階、および達成しようとしている具体化の段階、これらすべては、ひとしく社会的存在に制約されている」（Mannheim　前掲書：169）のは自明であるが、実際には一般的な「社会的存在制約論」は成立し得ない。なぜなら、異なった社会的存在でも、同じ概念に収束すれば利益が得られるという事情があるからである。利益の内容はもちろん違うが、利益そのものは確実に生み出される。

**ドイツの環境保護主義の限界**　『ニューズウィーク』（二〇〇九年九月二日号）は、ドイツにおける観念的環境保護運動がハイテク技術を敵視した結果を伝えている。「ドイツで環境保護主義が主流派の座を占めると、気候から原子までの自然に干渉するものすべてが反発の対象になった」（同右：44）。ドイツでは原子力利用の撤廃をかかげ、二〇二〇年にはすべての原子力発電所が停止される予定だという（同右：43）。しかし、「ドイツの環境保護主義者は国境の外で多くの原発が稼動していることや、ドイツの電力会社が原子力発電によるる電力をフランスから輸入していることはあまり問題にしていない。観念論に縛られた活動家の問題意識には、不都合な真実が入り込む余地はない」（同右：44）。所詮、これらもご都合主義なのである。

### 「常温核融合スキャンダル」を学ぶ

私たちにはすでに反面教師である「常温核融合スキャンダル」がある（Taubes 1993=1993）。これは実験科学でさえも「誇大妄想」と「集団精神錯乱」が確実に発生するという見本である。学界一部に火の手が上がり、それが政治、行政、企業、市民その他に伝染する。政府により高額の予算がその研究につけられ、その費用に多数の人間が群がる。それは「集団精神錯乱」を超えて、デュルケムのいう集合表象（représentation collective）へと昇華する（Durkheim 1895=1978）。

ある特定のテーマに関する研究を信じる集団が形成されると、その集団は構成要素である個人を超えて、集合体としての独自の心性を発揮する。「常温核融合スキャンダル」で学界を含めた全体社会が反省したことは、今日の二酸化炭素地球温暖化論に活かされてはいないように思われる(18)。

### 知的虚無を避ける

「もし知的虚無をさけようとすれば、種々な一面的解釈を統合するための何か共通の広場がなければならない」（Merton 前掲書：464）。私は「共通の広場」を三点に分割している。

⑴現在の部分的な観察に依拠して，将来の全体的な構想を共有するか
⑵複合する現象のなかで比較的有効と判断できる説明要因を共有するか
⑶複合する現象のうちで単一の説明要因に限定したパラダイムに依拠するか

たしかに「地球温暖化は国際化する社会にとってより肝要な課題」（Maslin 2009：173）ではあるが，その解決を国際政治の力学と安価でクリーンなエネルギー源の開発技術のみに任せるわけにはいかない。マスリンの結論に提示された"cool solutions for a hotter world."（*ibid*.：177）にしても，解釈は立場に応じて異なる。

「知識人は社会的世界の観察者として，何らの感情も交えずにとはいえないにしても，少なくとも信頼するにたる洞察と綜合的な眼とをもって，この世界を眺める」（Merton 前掲書：464）のであれば，どの視点から「信頼するにたる洞察と綜合的な眼」が感じ取れるか。それぞれが正確な観察と論理的な推論を行って，存在に拘束されない意見を出し続けるしかない。それがヴェーバー「職業としての学問」の今日的解釈であり，私の"cool solution"でもある。

# 第5章　持続可能性概念の限界と見直し

## 1　サステナブル都市

### 環境論と都市論

環境関連の文献や都市論の文献では、しばらく前から sustainability（持続可能性）を、議論の前提かもしくは結論にすることが流行している。

たとえば、ロジャースらによるサステナブル都市論では、

(1)公正な都市（正義・教育・健康・希望を公正に分かち合い、誰もが行政に参加できる）
(2)美しき都市（建築・景観が想像力をかきたてる）
(3)創造的な都市（人のもつすべての力を引き出す）
(4)エコロジカルな都市（エコロジカルな影響を最小にする）
(5)ふれあいの都市（コミュニティと人の流れが活性化している）
(6)コンパクトな多核的都市（まとまりのよいコミュニティがあり、近場でことがたりる）
(7)多様な都市（さまざまな活動の重なり合いで、活気とインスピレーションがある）

にまとめられおり、今日的な都市の持続可能性論の全体像をほぼ網羅している（Rogers & Gumuchdjian

1997=2002：169）。

## 持続可能性概念の限界

しかし、持続可能性は本質的にそれまでの秩序や内容を固定しているために、権力関係や格差それに階層やコミュニティが抱える社会問題もまた固定されつつ持続させられるという欠陥を含まざるを得ない。そのために、かなり慎重な概念規定を行わなければ、「デモクラシー」や「平和」それに「人権」に近い万能概念になるので、単なる掛け声以上の具体的内容をもつことは稀である。それはまた、アメニティ、ガバナンス、エンパワーメント、ソーシャルキャピタルなどと同質の厳密性を要求する学術用語（term of art）にもなりやすい。

さらにロジャースらのサステナブル都市論でも顕著なように、「公正」をめぐっては各論が並立する。たとえば、階層的な差異を超えた「公正」が社会的に成立するのは至難であり、ジェンダー格差やジェネレーションによる相違もまた、普遍的な「公正」達成を妨げやすい。同様に、「美しさ」でも「創造性」でも「エコロジカル」でも、社会全体で意見の一致を得るのはかなり困難なところがある。なぜなら、幾何学文様に美を感じる人もいるし、無秩序さが「創造性」の源泉の場合もあり、さらに一般化すれば「すべての力」を引き出せるわけでもない。

## ジェコブスの都市論

ロジャースらが要件の最後にあげた「多様な都市」論の先駆けは学説的にはジェコブスであり、「都市環境の活気は、小さな要素がすさまじく集まっているおかげ」（Jacobs 1961=2010：170）として、彼女は具体的な四条件をニューヨーク市での精緻な調査結果から引き出した（同右：174）。

⑴地区内の場所が二つ以上の機能をもつ

(2)ブロックは短く、街角を曲がる機会が頻繁にある
(3)新旧の建築物が混在している
(4)居住空間における人びとの密集

ジェコブスはこれらを強調しつつ都市の多様性を論じている。三〇年後のロジャースにもジェコブスへの配慮はあるが、もちろん内容は合致してはいない。

とりわけ「エコロジカルな都市」は、「多様性」を前提にすると、論点が絞り込まれなくなってしまう。なぜなら、「エコロジカルな都市」の構成要素への力点の置き方で、議論が逆転する可能性があるからである。地球寒冷化対策と温暖化対策では、正反対の対応が主張されざるをえない。その実例を、二〇年に近い日本における「二酸化炭素地球温暖化論」を素材にして見ていこう。

## 「知的廉直性」

かつてマートンは、科学者を拘束するエトスとして「知的廉直性」を指摘し、「科学には社会的結果が伴う」（Merton 前掲書：486）とのべた。その「知的廉直性」に照らして、日本でも二〇世紀末から二〇一〇年まで主張されてきた二酸化炭素地球温暖化論を取り上げ、その非論理性を指摘してみよう。

たとえば、「今日世界的に見て、温暖化は疑えない事実である」と断言する主張では、「地球温暖化が進んでいるというのは、すでに科学的な裏づけのもと……断定される」（山中 2008：44）や「地球温暖化に予防原則を適用し、深刻な状況になるのが科学的にほぼ確実」（山中 2008：60）といわれる。類似の言説の大半も、温暖化の科学的な説明というよりも、「イフ」を連発して、「予測」した結果を借用しながら、温暖化の「可能性」やそれがもたらす「危険性」をのべるものが多い[1]。

地球温暖化対策の強化を主張する研究者以外のNGO・NPOなども、総じて同じ傾向をもつ。たとえば「科学者の評価は、温暖化の影響は人類にマイナスである」（木本 2008：651）と断定して、「温室効果ガス削減の努力をしなければ温暖化はどんどん進行する」（同右：651）と結ぶが、肝心の人為的な二酸化炭素濃度上昇と地球温暖化との関連の証明は省略される。科学リテラシーがない人々は、地球温暖化原因を二酸化炭素のみに結合させるが、科学リテラシーを持つはずの社会学からも、「これは生き方、態度の問題だ」とのべたのは前章で触れたように橋爪（2008）である。

### 地球温暖化対策は生き方の問題か

そこでは冒頭から「地球環境の危機は、要するに地球が温まるという問題だ。炭酸ガスを人間がまき散らすせいで、大気圏の温度が上昇していく（同右：56）とのべられる。[2]「要するに」とは主要な議論を行った後か、一切の議論を封殺して使う副詞であるが、橋爪の場合は何の根拠も示さず、「大気圏」という大雑把な扱いのままに、この主張が温暖化論の出発点にくる。

### 科学的真理が排除される

地球温暖化論者が固執する態度にたいして、「温暖化対策を訴える者たちは、なぜこれほどまでに『科学的な真理』を排除しようとするのか」（薬師院 2007：79）という疑問が出されたのは当然である。「系統的な懐疑心」とともに、科学的大原則の疑問への正確な応答が、環境論のこの分野では著しく不十分である。さらに、「疑問自体には答えようとせず、『最新の研究では』との口実のもと、問題をすり替えて逃げるほど、無責任な態度はあるまい」（同右：98）という批判にも根拠があり、私も薬師院の指摘に賛同する。

## 2　二酸化炭素地球温暖化論の問題点

デカルトの論理学から

このように疑問が多い二酸化炭素地球温暖化論の現状を改善するために、デカルトの論理学における「四規則」を使ってみたい。首尾一貫性の点から、現今の方法による二酸化炭素地球温暖化論が、はたして真理探究にふさわしい思索法かどうかを点検してみよう。

デカルトは「理性を正しく導き、学問において真理を探究するため」に、

(1)明証性（vrai）（速断と偏見を避け、疑う余地を残さない）
(2)分割性（division）（問題をできるだけ多くの小部分に分ける）
(3)順序正しい総合性（ordre）（単純なものから複雑なものへ、順序正しく考察する）
(4)枚挙性（dénombrement）（見落としをしないように、すべてを枚挙して見直す）

を挙げた（Descartes 1637=1997：28-29）。三七五年後の今日でも、自然科学と社会科学を問わず、依然としてこれらは真理探究に有効であると思われる。

明証性には観察された事実の蓄積が不可避であり、問題の分割には仮説とそれにふさわしい方法が必要になる。また、分割された小部分を総合するには、全体を見通す視点と論じるための優先順位の発想が肝要であり、問題と裏づけデータを順序正しく列挙するには細心さが求められる（金子 2009a）。

現今の二酸化炭素地球温暖化論をデカルト「四原則」に照らすと、特に「枚挙性」の点で不十分であるように思われる。たとえば表５-１を使うと、この問題点が鮮明になる。

表5-1　地球の寒冷化現象と温暖化現象の比較

| | 自然現象 | 人為現象 |
|---|---|---|
| 寒冷化 | 火山灰（先進国，途上国）<br>森林火災の噴煙（先進国，途上国）<br>砂漠の砂塵（先進国，途上国） | 化石燃料煤煙の放出（先進国，途上国）<br>焼畑農業の噴煙（途上国）<br>白色エアロゾル（先進国，途上国） |
| 温暖化 | メタン（先進国，途上国）<br>水蒸気（先進国，途上国）<br>$CO_2$（先進国，途上国） | $CO_2$（先進国，途上国）<br>フロン（先進国，途上国）<br>一酸化二窒素（先進国，途上国）<br>有色エアロゾル（途上国） |

（出典）　金子，2009a：166.

**寒冷化要因**

まず寒冷化と温暖化、および自然現象と人為現象に分類して、主要な排出国を先進国と途上国とに分けると、地球寒冷化要因として、自然現象に属する火山灰（先進国、途上国）、森林火災の噴煙（先、途）、砂漠の砂塵（先、途）が得られる。同時に人為現象として、化石燃料煤煙の放出（先、途）、焼畑農業の噴煙（途）、白色エアロゾル（先、途）が存在する。主要な排出国を先進国（先）と途上国（途）として表現すれば、この表では先進国と途上国との区別がほとんどできない。これらの現象の大半が太陽光を遮るので、地球寒冷化の要因として認識される。

唯一の相違としての焼畑農業の噴煙は、途上国に特有な現象ではあるが、焼畑にバイオエタノール原料に転用するとうもろこしを植える場合が増えてきたから、結局それは先進国のガソリン代わりの輸出用の商品物資になる。この意味では、先進国も途上国も、焼畑農業の噴煙に関する人為的な寒冷化要因排出先としては五十歩百歩であろう(3)。

**温暖化要因**

一方の温暖化では、主な自然要因としてメタン（先、途）、水蒸気（先、途）、二酸化炭素（先、途）が挙げられる。先進国途上国を問わず、これらは長期にわたり排出されてきたし、いまでも最大の温暖化原因は水蒸気であると科学者間では合意されている。

人為的な原因には、人間の経済活動や社会活動が排出する二酸化炭素（先、途）、フロン（先、途）、一酸化二窒素（先、途）、木や畜糞燃焼の着色エアロゾル（途）が想定される。エアロゾルに関していえば、白色エアロゾルは太陽光を反射するので、寒冷化原因に分類できるが、木や畜糞燃焼の着色エアロゾルは、逆に着色によって太陽光を吸収しやすく、大気を暖める作用があり、結果的に地球温暖化を促進する。

## 枚挙性の原則

デカルトがいう「枚挙性」を活かすには、表５－１に示したような両方の原因を総合的に観察して、調査データを揃えて、判断材料を増やしていくしかない。いきなり、すべての寒冷化要因や温暖化要因を省略して、人為的に排出された二酸化炭素だけが地球温暖化の原因であると結論づけ、コンピュータシミュレーションだけの将来予測を付加するのは非科学的である。ましてや高校生向けの『現代社会』の教科書にこのような内容を掲載するのは早すぎた。国会議決すらされていないのに、二〇〇四年発行の高校『現代社会』教科書では、すでに「炭素税」への言及があった[4]。

直近の温暖化論の歴史を振り返ると、少なくとも二〇〇〇年の時点では、海水温上昇が先行してその後に二酸化炭素が増えたこと、ならびに温暖化の人為的な断定には実証性の面で疑問が大きいことがのべられている（矢野恒太記念会編 2000：31；薬師院 2002：279）。その後も「地球温暖化によって二酸化炭素が増えたのであって、二酸化炭素が増えたから温暖化が起きたのではない」（Singer & Avery 2007=2008：64）と明記された本は継続的に出されてきた。

さらに「気温の上昇が二酸化炭素の増加よりも一～一・五年先だつ」といわれ、「気温が原因で二酸化炭素は結果」（槌田 2007：142）とする指摘もある。多くの地球温暖化論者はこの重要な疑問への応答を放棄したままなので、将来的に気象学者や地球物理学者の幅広い角度からの実証を待つしかない[5]。

このように日本でも二〇〇〇年前後までは、統計書や白書ですら冷静で中立的な説明をしていたのに、二一世紀日本では単純な二酸化炭素地球温暖化論が顕著になった。だから、この背後に特定の政治的意図があるとも指摘される。たとえば槌田は、原子力産業が二酸化炭素温暖化論の主唱者とみて、『地球』とか『グローバル』とかいう形容詞のつく問題は、ほとんどの場合、政治的に使われている」（槌田 前掲書：134）とみなす。しかし今日的には、むしろ無為無策の与野党による政治の逃避に、二酸化炭素温暖化問題が使用されたといってよい。

### 発電量の抑制から始められるか

かりに本気で二酸化炭素排出を半減させるのならば、発電量の抑制から始めることになるが、そうすれば経済活動や社会活動に支障が起きるのは必至である。ただし総体的な化石燃料への依存度では、原子力発電よりも火力発電のほうが高いから、火力発電量を落とした分だけ原子力発電量を増やそうという意見は登場する。例年の『原子力白書』にすら、二酸化炭素削減には原子力発電の増強が不可欠と記されてきた。

一般的にいえば、発電量を落とさずに二酸化炭素削減を進めるには原子力発電に依存するしかない。〇・三％の地熱発電や〇・二％の風力発電ではどうにもならないので、二酸化炭素地球温暖化論の背後に原子力業界が控えていたという意見は各方面から出されていた[6]。

原発でいえば、希望的観測として「発電量の増加⇒産業経済活動の隆盛⇒商品展開の拡大⇒企業利益の増大⇒国庫への税収増加⇒国民生活の豊かさ維持」の流れが、顕在的正機能として成立する。

歴史的には地球温暖化論の誕生自体が政治的である。[7]「地球科学研究にいやおうなく付着し、重みを増しはじめた政治的な意味」（米本 1994：42）は早い時期に指摘されてはいたが、その深化はなされてはこなかった。

しかし、「核の冬」当時の核戦争への恐怖を「悪性」と位置づけ、地球環境問題への恐怖は「良性」として、「幸いな脅威」（同右：48）と見なすなど、米本には疑問も多い。誤った地球温暖化論は次世代のための高校教科書にも堂々と記載され、「少子化する高齢社会」では当然の上昇分である二二〇〇億円の社会保障費までもが圧縮される一方で、三兆円の温暖化対策費は効果不明瞭のたれ流しという実情がある以上、二酸化炭素地球温暖化論もまた「悪性」であろう。

**赤祖父による根本的な疑問**　さらに、二〇〇八年の夏に赤祖父が発表した以下の批判点に、二酸化炭素温暖化論者はまだしっかり答えようとしていない（赤祖父 2008）。

⑴北極海の海氷面積の縮小は、北大西洋への暖海水の流入による。
⑵キリマンジャロの氷河融解は、太陽熱による昇華である。
⑶世界的な氷河後退は、一八〇〇年頃から始まった現象である。
⑷海面上昇は一八五〇年頃より始まっており、過去平均では一・七㎜／年、一・七㎝／一〇年、一七㎝／一〇〇年とみられるし、一九六〇年からは一・四㎜／年程度。
⑸一八〇〇年頃から続いてきた温暖化のうち、六分の五は自然変動、六分の一が人類活動からの二酸化炭素による影響なので、人為的な温暖化制御は無理である。

これらの自然科学上の問いかけに正確に答えることは、温暖化論を信奉する研究者、政治家、官僚、

NGO・NPO、マスコミの義務である[8]。とりわけ(5)の地球温暖化に果たす人為的影響としての二酸化炭素が全体の六分の一であるという点に着目すれば、人為的な対応の空しさが伝わってくるであろう。

## 3　自治体の地球温暖化対策の問題点

**地球温暖化対策法の問題点**

しかし、そのような科学的議論を排除して作られた、「地球温暖化対策の推進に関する法律」（最終改正：二〇〇八年六月一三日法律第六七号、以下、「温暖化法」と略称）第四条では、地方公共団体（以下、自治体）による温室効果ガスの排出抑制等のための施策推進が明記された。「温暖化法」では、自治体の責務として、自ら排出する温室効果ガスの排出規制等、区域の住民、事業者の活動促進のための情報提供等、その他の自然的、社会的条件に応じた措置が挙げられている。また、国民の責務には、日常生活に関する排出抑制、諸施策への協力がある。

**都道府県に見る「地球温暖化対策」への姿勢**

この「温暖化法」の時代に、都道府県知事による「平成二〇年度施政方針と重点施策」から、自治体としての地球温暖化対策（温室効果ガスの排出の抑制も含む）への姿勢を点検しておこう。このデータベースは全国知事会が発行する『都道府県展望』（二〇〇八年六月号、八月号、九月号）である[9]。温暖化対策の優先順位を知事が語った「施政方針と重点施策」を基に分析すると、二〇〇八年度のそれに地球温暖化対策が含まれていた自治体は、二二の都道府県であったので、四六・八％になる（表5-2）。逆にそれを含めなかったのが二五の府県（五三・二％）になった。

**表5-2　知事の施政方針と重点施策に地球温暖化対策が含まれていた都道府県**

| |
|---|
| 北海道，福島，東京，茨城，千葉，神奈川，山梨，長野，富山，岐阜，愛知，滋賀，京都，和歌山，兵庫，岡山，愛媛，福岡，佐賀，長崎，鹿児島，沖縄 |

自治体特有の多くの課題がある中で，約半数の知事が施政方針で二酸化炭素地球温暖化に触れ，その対策を主張していたことになる。

そこでの「温室効果ガス」の代表はもちろん二酸化炭素であり，都道府県自治体も政府とともに「グリーンハウス・イフェクト」(温室効果) に拒絶反応する一方で，「グリーン」という表現自体を愛好してきた。「グリーンハウス・イフェクト」の拒絶姿勢と，「環境教育推進グリーンプラン」(文部科学省)，「グリーン購入推進」(環境省)，「グリーン物流パートナーシップ」(経済産業省)，「エネルギー等特別会計のグリーン化 (新エネ，省エネ化)」，「金融のグリーン化 (環境に配慮した投融資)」などの「グリーン」がどのように整合するのかは，現在でも不問に付されている。グリーン化も地球環境への負荷効果をもつが，この点への配慮は皆無である[10]。

**温暖化対策地域計画ガイド**　次にもう一つのデータベースである二〇〇八年環境省「温暖化対策地域計画ガイド」から，一〇万人以上の都市二七市の事例を通して家庭の二酸化炭素排出率を取り出し，当該年度の平均世帯人員を各年度住民基本台帳から得て，この両者の相関をとる。計算の結果，都市の家庭からの二酸化炭素排出率と平均世帯人員には，相関が得られなかった (図5-1)。

温暖化対策でよく用いられる「仮説1．離婚による世帯分離は，消費エネルギーの無駄。子どもが別れた両親に会うにも交通エネルギーがかかる」や，「仮説2．一人暮らしや小家族化は無駄な電気，ガス，上下水道の利用になりやすいから，まとまって暮らすことが

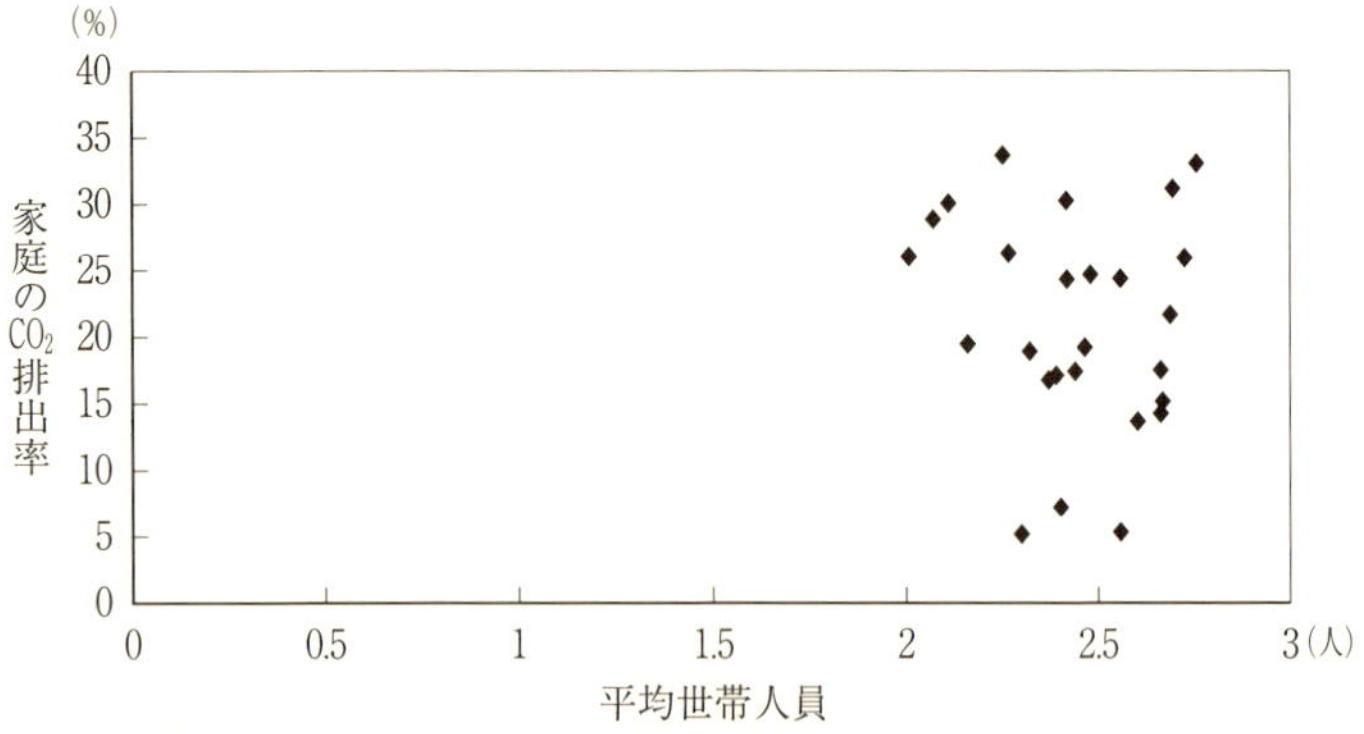


**図5-1**　27都市平均世帯人員と家庭の二酸化炭素排出率相関

（注1）　$Y = -4.91654X + 33.02101$
$R^2 = 0.0166$

（注2）　家庭の$CO_2$排出率とは，産業，家庭，業務，運輸，廃棄物などの$CO_2$総計に家庭が占める比率である．

二酸化炭素地球温暖化対策になる」という主張には根拠がないのである。

### 無限定的な「エコ」と「グリーン」使用の実態

同じ「計画ガイド」から、無限定的な「エコ」使用の実態も浮かび上がる。エコマネー、エコバッグ、エコワット、エコドライブ、エコステーション、エコファーマー、エコプロダクツ、エコシティ、エコツーリズム、エコアクション、エココンビナート、エコオフィス、エコライフ、エコファミリー、エコクッキング、エコインダストリー、エコショップ、エコポリス、エコチャレンジ、エコチェックカレンダーなどが、実に無造作に使われている。

同様に、現今のグリーンカンパニー（環境保護を考えた商品を開発する企業）、グリーンコンシューマー（環境問題を意識した消費者）、グリーンデザイン（環境保護を意識したデザイン）、グリーニング（環境保護政策）、グリーンライト（ゴーサイン）、グリーンネス（環境への配慮）などもまた、実際のところは「グリーンワッシュ」（環境に優しいふりをする）であると見られる。

要するに、政府や自治体のグリーン購入による無駄遣いを隠す方便として、「エコ」が愛好されたのである。温暖化グリーン対策には、三〇年前に提起されて、結局は日本社会全体に浸透しなかった古証文の「パーク・アンド・ライド」さえ、「エコ」の流れに沿って再登場している。

### 冷静さを失った「環境ファシズム」

この地球温暖化を前提とした二酸化炭素排出削減に名を借りて冷静さを失った「環境ファシズム」の問題は、今日の政府や自治体主導の地球温暖化防止運動に象徴される。たとえば、国民の省エネ行為と発電所からの二酸化炭素排出削減とは無関係なことが、国民にはほとんど知られていない。温暖化論者が主張する二酸化炭素排出削減方針は恣意的であり、論理的には首尾一貫していない。この状況において、貴重な自治体財源から無理やりエコに関連づけた「温暖化対策」に支出する政策に、いかなる効果があるのだろうか[11]。

### 「エコ家事」は可能か

たとえば評論家の阿部は「エコ家事」という概念で、
(1)膨らんだ暮らしを見直さなければ、二酸化炭素排出は止められない
(2)「早寝早起き」を温暖化防止として推奨
(3)可燃ゴミの燃焼はエネルギーを必要とするから、二酸化炭素排出に直結し、不安
(4)洗濯回数を減らし、入浴頻度も減らし、掃除機も週に一～二回にする
というライフスタイルを提唱する（阿部 2008）。

ここには二酸化炭素が悪であり、その削減が善であるという素朴な信仰がうかがえるが、医学の世界でも二酸化炭素は悪ではない。第3章で論じたように、国立循環器病センターによる「生体ガス」によ

る体調診断プロジェクトでは、二酸化炭素は病気の発生原因としては位置づけられていない。もっと世界レベルでの正しい環境情報が必要であり、国内的には総合的な政策の優先順位の発想が求められる。しかし二酸化炭素削減運動と同じく、政府・環境省が推進している「社会経済のグリーン化」もまた、科学的な検証以前の気分先行のままである。

**二酸化炭素排出量とGDPは完全な正相関**

一九九三年以降の日本では、二酸化炭素排出量と経済活動の指標であるGDPが完全な正相関関係に達したので、二酸化炭素削減が総発電量を筆頭とする経済活動の萎縮と同義になった（図3-2、一〇九頁）。

だから本気で二酸化炭素半減をするのなら、「グリーン購入」や「グリーン物流」などではなく、まずは総発電量の半減から始めることである。この順序逆転が、日本全体やそれぞれの都道府県や市町村の自治体ではたして可能か。そして、二〇〇八年七月の洞爺湖サミットの「場外合意」に「原発推進」があることに、知事をはじめとした素直な温暖化防止論者は、気がついていたのだろうか（『週刊朝日』二〇〇八年八月一五日号）。「原発推進」はエコなのか、グリーンなのか。もっとも「三・一一」以降は、この議論も消えてしまった。

**持続可能性概念の欠陥**

現今の自治体レベルの温暖化対策論を検討すると、

(1)持続可能性（sustainability）の偏重は、対応する焦点を失い、あらゆる人々のすべての問題を請け負うという欠陥が残る（Sutton *op.cit.*: 126）。

(2)二酸化炭素地球温暖化論には世界的にも懐疑が続いており、経験的に確認され、論理的に首尾一貫した知識による回答が求められる。

(3)原点に立ち返り、「今世紀のこれから、最大限の進歩をとげるためには、多くの課題に取り組む必要があるけれど、環境はその中で重要な一部ではある――でも数々の重要なものの一つでしかない」(Lomborg 2001=2003：567)

を、自治体執行部も消費者も再点検する必要性を私は痛感する。

## 4　化石燃料エネルギーの使用状況

**エネルギー使用評価の逆転**　一九八〇年代までの世界では寒冷化論が主流であり、二酸化炭素による温暖化効果は寒冷化抑止の文脈で評価されていた。なぜ二〇年で評価が逆転したかは不明である。寒冷化の引き金は大気中に排出された塵による太陽光の吸収である。途上国の焼畑農業と規制されない工場からの煤煙に象徴される。これらが人為的理由なら、火山爆発による噴煙が自然的原因の代表である。三〇年近く寒冷化の危険が叫ばれていたのに、二酸化炭素による温暖化論に一九九〇年代からすり変わった。寒冷化の究極の問題は偏在した食料不足にあったが、温暖化論では偏在した食料不足は中心テーマにはなっていない。現在からの未来論が有効か、未来からの現在論が正しいか。

不思議なことに地球寒冷化論の時代にはエネルギー節約が叫ばれなかったのに、温暖化論ではレジ袋使用控えや古紙リサイクルが大合唱されている。寒冷化だから、資源をたくさん使い、二酸化炭素による温暖化効果で寒冷化を抑止したかったのだろう。

寒冷化が地球の主な方向ならば、温室効果（greenhouse effect）による温暖化はむしろ地球環境に良いはずである。寒冷化の原因物質の煤煙やエアロゾルや塵の排出は放置しておきながら、温暖化原因の二酸化炭素を削減すれば、ますます寒冷化が進むのではないかという疑問は依然として温暖化論者には封殺されている。寒冷化における人類最大の課題は食料であるから、食料生産大国の意図が温暖化論にはめこまれているのだろうか。

### 温室効果の功罪

そもそも、温室も温室効果もマイナスシンボルといえるのか。いわゆるビニールハウスは馴染みのある農業用温室であり、そこでは灯油ストーブで温度とともに二酸化炭素が供給されている。水、窒素、リン、カリ、二酸化炭素が作物の生育に関連が深いので、二酸化炭素は食料危機の抑止効果があることになる。当時の簡単な「英和辞典」でも'greenhouse effect'は「大気中の炭酸ガスなどが太陽からの熱、光線を通すと同時に地表からの放熱を妨げて大気の温度を保持する現象」（『コンサイス英和辞典』一九七五年版）という記載があり、非常に中立的である。

### 石油製品の内訳

二酸化炭素による環境への負荷が非常に大きい石油製品の消費量内訳は、図5‐2のようにまとめられる。高度成長期には重油使用が過半数を超えていた。これは成長期特有の活発な製造業の表われであろう。一九八〇年でさえも重油は四八・四％の使用量であり、この時期までの気象学的中心テーマは寒冷化とそれによる食料危機であった。

しかし、一九九〇年代をすぎて二一世紀になると、論調は完全に地球温暖化へと急変した。原油から精製される沸点がセ氏三〇～二〇〇度の揮発性の液体であるガソリンが二五％、原油を分留して得られる揮発性の高い未精製のガソリンであり、沸点セ氏一〇〇度以下の軽質ナフサと八〇～二〇〇度の重質

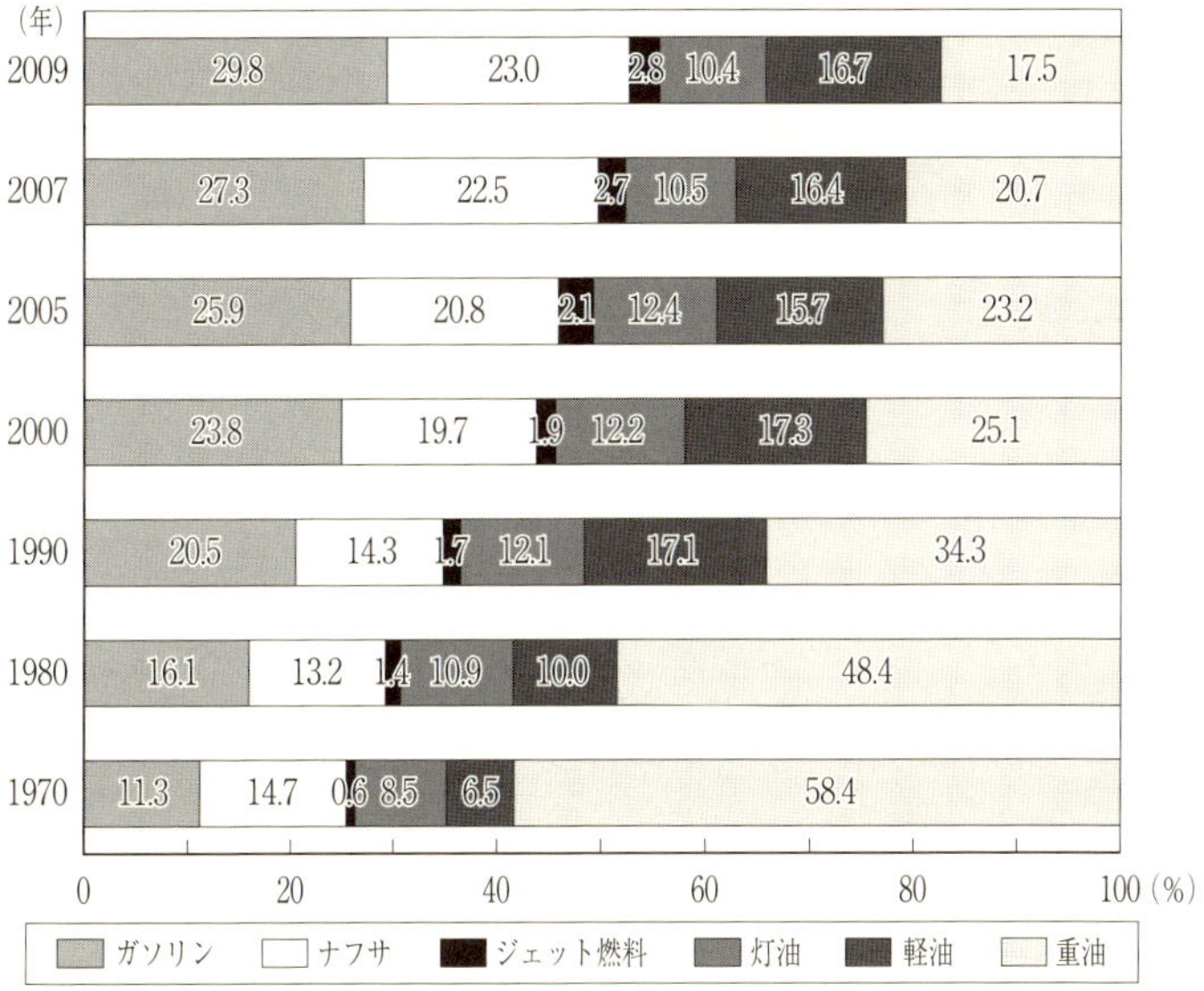


**図５－２**　日本の石油製品消費量

（出典）　矢野恒太記念会編『日本国勢図会 2007/08』同会，2007．および『日本国勢図会 2011/12』2011．これらより金子が集計．

ナフサの合計が二〇%、原油を蒸留してセ氏一五〇～二五〇度で留出する灯油が一二%、同じくセ氏二五〇～四〇〇度で留出する軽油が一五%、原油からガソリンなどの揮発油、灯油、軽油などを分留したあとの残り高沸点の油である重油が二五%という内訳の固定が始まった。

重油に特化した時代には地球寒冷化が論じられ、バランスが取れ始めた二一世紀には温暖化が進むという危機感は、日本の行政やマスコミや学界主流派ではまだ強く抱かれている。しかしこの点を科学的に論じておかないと、環境論や環境問題研究とその対応策づくりはおそらく前進しない。寒冷化時代の報告書でも、まさしく「人間は、万能の気象機械の意のままに動いている、哀れなあやつり人形である」(The Impact Team 前掲書:101) と表現していた。

### 石油製品の消費量

温暖化を最優先の地球環境問題として位置づける論法には二つの特徴がある。一つは大気汚染の際に優先的に取り上げられた硫黄酸化物や窒素酸化物の排出は、一九七〇年代の厳しい規制基準をガソリン使用の小型車が乗り越えたから、もう大丈夫というまとめ方である。たとえば一九七〇年を一〇〇とする指標から、一九九〇年前後ですら三倍の自動車総数の増加が見られる。具体的な数字でいえば、一九九〇年の日本における保有台数は五七七〇万台であり、それが二〇〇八年になると七五五三万台にまで増えている(矢野恒太記念会 2010:416)。このような事情ではとてもNOxを無視することは不可能であろう。

二〇〇一年から二〇一〇年までの平均的傾向からも、光化学スモッグ注意報発令日数は年間一七〇日を超えているし、被害届出人数は年間平均で七四七人になっている(環境省 2011:173)。NOxの排出は一九七〇年代と同じく大きな大気汚染の原因であるといってよい。私たちは大気汚染のうち直接人体に影響してきた要因を軽視するわけにはいかない。

## 5 国民の環境意識と保全活動

### 情報の入手方法

このような観点から、ここで取り上げる環境意識は、「環境に関する情報の入手方法」、「環境保全活動への参加状況」、「自動車による環境問題」の三点である。いずれも内閣府大臣官房政府広報室が実施した「環境問題に関する世論調査」からの結果であり、母集団は日本全国二〇歳以上の三〇〇〇人である。サンプリングは層化無作為二段抽出により、有効回収率は六三・二％であった。

図5－3は「環境に関する情報の入手方法」についての一九九三年と二〇〇五年の結果であり、「友人、知人、家族」も「民間団体、町内会、サークル活動」も増加した印象を与えるが、どちらも複数回答のランキングであるから、細かな統計的検討はできない。しかしここから、情報源としての「テレビ・ラジオ」と「新聞」の優位性は容易に理解できる。二〇〇五年の結果では「行政白書、広報」の伸びが目立つし、これらも根源的な情報源はマスコミであろう。このように国民が入手する環境情報の大半はマスコミからなのである。

したがって何よりも正確で分かりやすい環境情報が求められることになるが、現実には地球温暖化論に象徴されるように、一方的な二酸化炭素濃度上昇に原因が特定化され、「誤った考え方」の代表例である「北極海の氷が融けると海面上昇がある」というレベルの内容が、新聞からもテレビからも大量に提供されてきた。

### 参加状況

次に「環境保全活動への参加状況」について、一九九三年と二〇〇五年二カ年比較で、二〇〇五年の都市規模別の比較で、同じく世代別比較としてまとめてみよう（図5－4）。なお、二〇〇五年の男女（ジェンダー）別では、「参加経験あり」が男女ともに四五％前後、「参加経験なし」が五五％前後になり、統計学的には有意であるとはいえなかった。

比較すれば分かるように、二〇〇五年の方が「参加経験あり」が増えており、統計学的にも一％で有意である。四〇・六％から一二年後には四五％へと「参加経験あり」が増加したので、「環境保全活

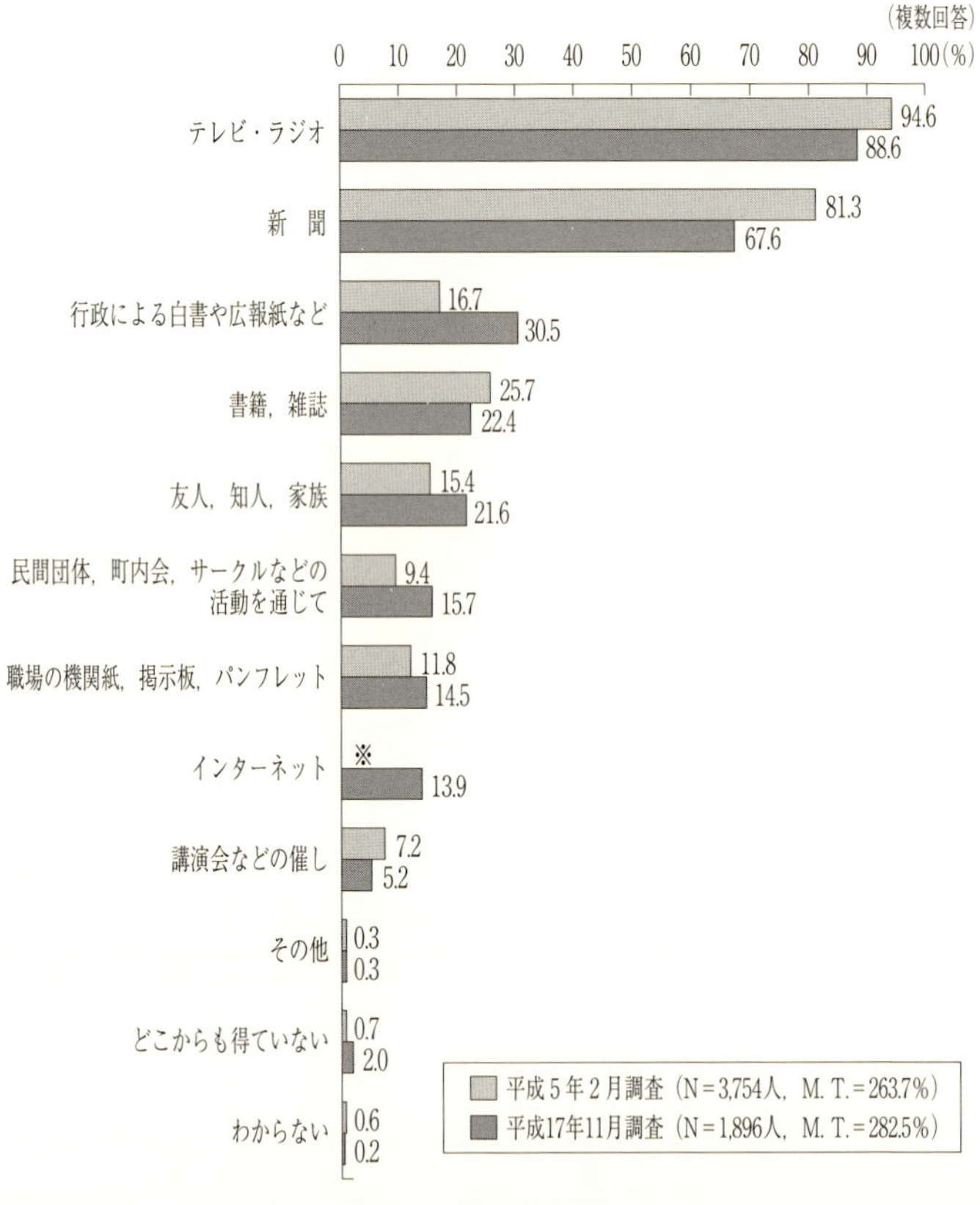


**図5－3　環境に関する情報の入手方法**

（出典）　内閣府大臣官房政府広報室「環境問題に関する世論調査」『月刊世論調査』（平成18年4月号）.

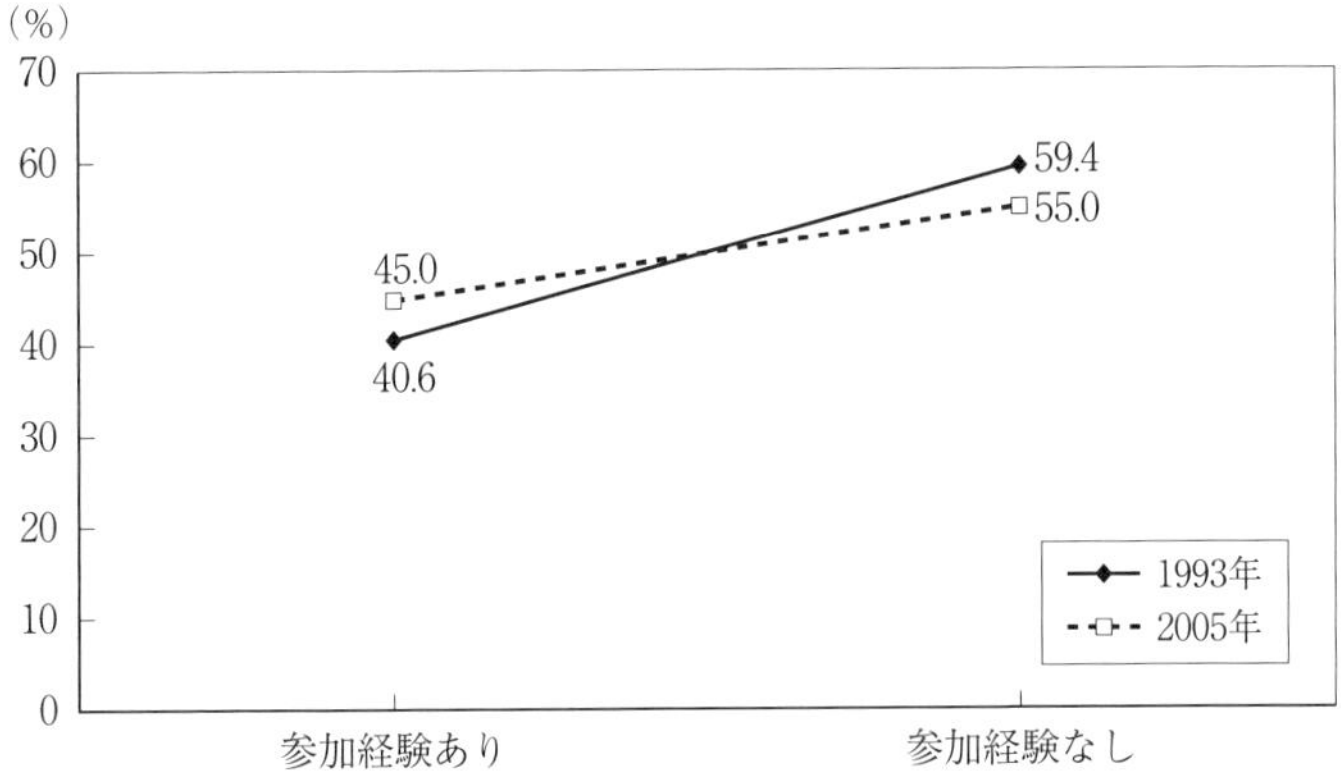


$x^2$=9.746　　df=1　　p＜0.01

**図５-４**　環境保全活動への参加の有無

（出典）　図５-３と同じ.

動」は着実に国民レベルに浸透しているといってよい。「環境保全活動」の内容は、「リサイクル、分別収集に協力する」、「てんぷら油や食べかすを排水口から流さない」、「冷暖房の適正温度に務める」、「省エネルギー型の製品を使用する」、「ごみを出さない」などである。これらはこの二〇年くらいで、個人のライフスタイルや家庭の生活様式のなかに基本的に受け入れられてきた環境に配慮した行動の一環である。

では、都市規模ではどのような状態にあるか。都市規模を四種類に分けた図５-５では、「大都市」とは政令指定都市と東京都区部を意味する。「中都市」は人口二五万人以上、「小都市」はそれ以下の人口の市であり、「町村」は文字通り市以外の自治体である。

注目したいのは、「参加経験あり」が「町村」で一番高くなったという結果である。これは小さな範域が可視的であることに加えて、「町村」特有の身近なソーシャルキャピタルが「環境保全活動」の人材ベースになるからであろう。都市規模が大きくなるにつれ

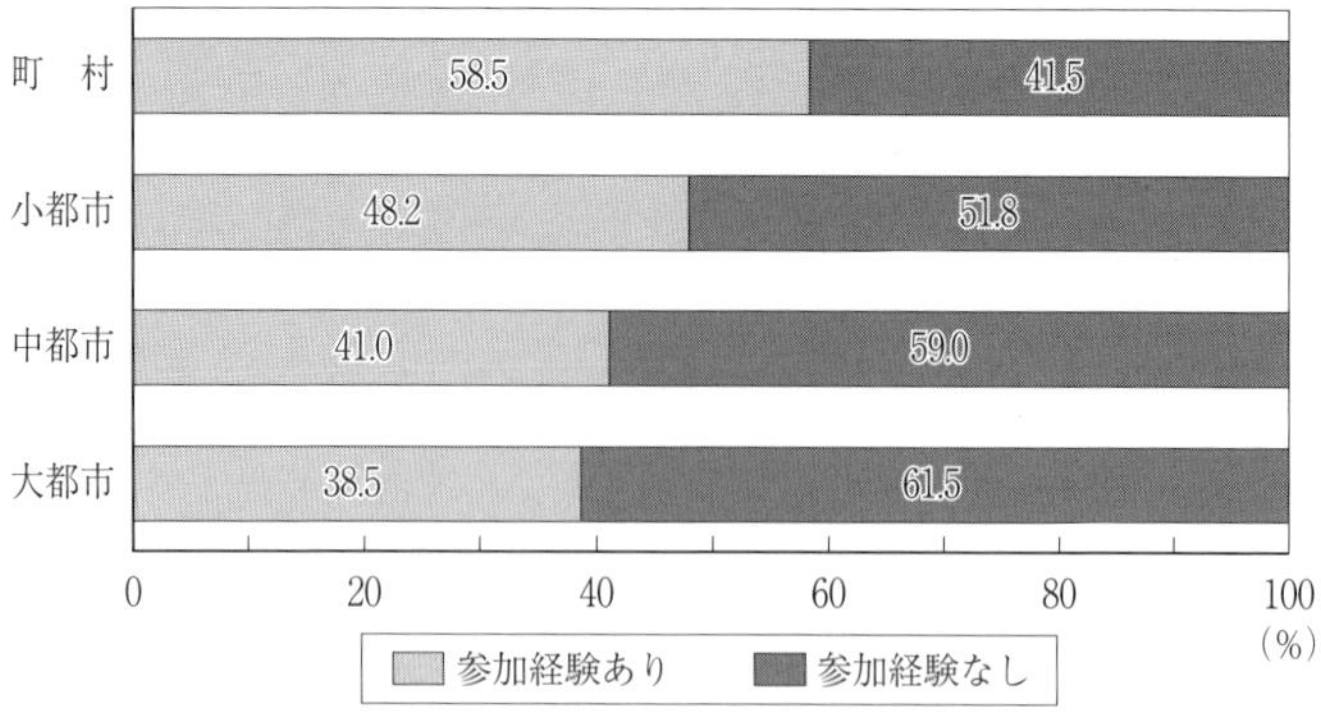


$x^2$=37.42　　df=3　　p＜0.001

**図5-5**　都市規模別環境保全活動への参加の有無（2005年）

（出典）　図5-3と同じ.

て、「参加経験あり」が少なくなるところからも、この傾向が窺える。統計的にも都市規模の大小と「参加経験あり」の高低が逆相関しているといってよい。

したがって、大都市では、全域にまたがる「環境保全活動」よりも、「町村」を分割したような近隣レベルでの「環境保全活動」を発掘し、その拡充を目標とするほうが環境意識改善効果も期待できる。

世代別の差異も鮮明であった。図5-6は「二〇―三九歳」、「四〇―五九歳」、「六〇歳以上」の三カテゴリーでまとめた結果である。中年世代のみが「環境保全活動」への参加経験では過半数を超えており、若年世代と高齢世代は少なく出た。予想されたように、若年世代では参加経験が三割を超えるに止まり、七割近くが「参加経験なし」に該当した。

**自動車による環境問題**

次に、温暖化問題にも関連する「自動車による環境問題」を取り上げておこう。これは二〇〇五年調査から始められたので、時系列データはないが、興味深い結果が読み取れる。特にこの時点

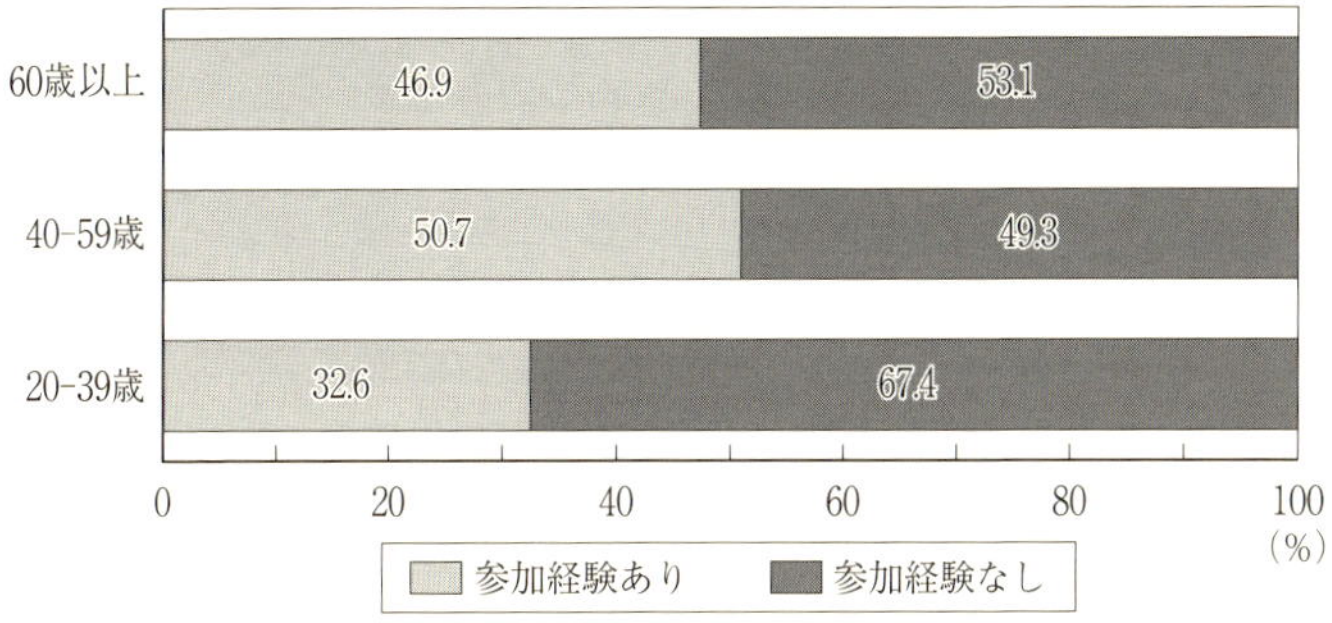


$x^2$=35.645　　df=2　　p＜0.001

**図５－６**　環境保全活動への世代別参加（2005年）

（出典）　図５－３と同じ.

でも、日本国民は「自動車による環境問題」の事例として「大気汚染問題」を過半数があげており、三二％の「地球温暖化問題」をはるかに引き離したことがあげられる。この結果からすると、「大気汚染問題」は後回しにしてひたすら「地球温暖化問題」ばかりを報じるマスコミは、常套句の「国民の知る権利」を満たしていないことになる。

そのうえ、図５－７のように都市規模においての問題認知の相違が鮮明である。特に大都市ほど「大気汚染問題」の認知度が高いことは、都市化が成熟した現在でも依然として光化学スモッグなどの「大気汚染」への危機意識が根強いことを教えてくれる。町村のみが「地球温暖化問題」への認知が強まっている。図の分布は統計学的にも有意であるが、日常経験からしても、町村には「大気汚染」は目立たない分だけ、相対的に「地球温暖化問題」への関心が見られたことは理解しやすい。

一方世代別では、高齢世代と若年世代が「大気汚染問題」を強くあげた反面で、中年世代ではやや「地球温暖化問題」を危惧する傾向がうかびあがった。ただし全世代で、自動車

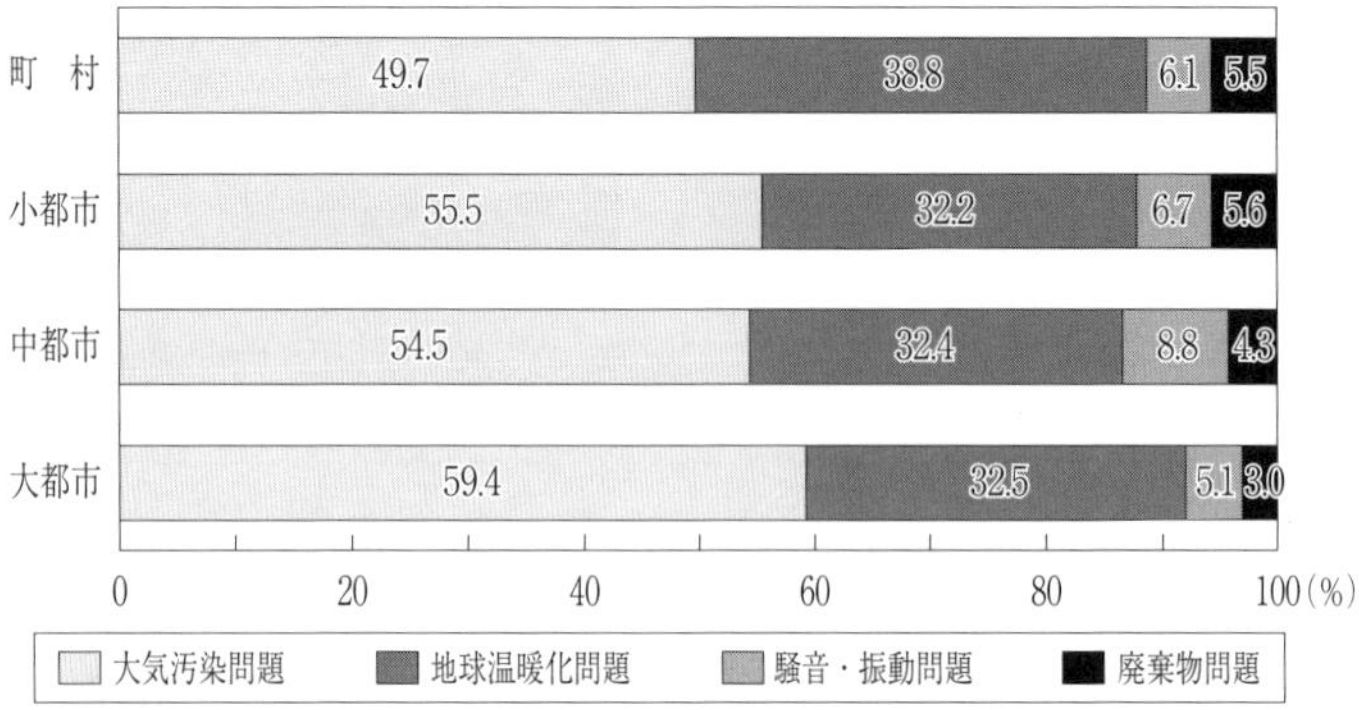


$x^2$=17.863　　df=9　　p＜0.05

**図5－7**　都市規模別自動車による環境問題の認知（2005年）

（出典）図5－3と同じ.

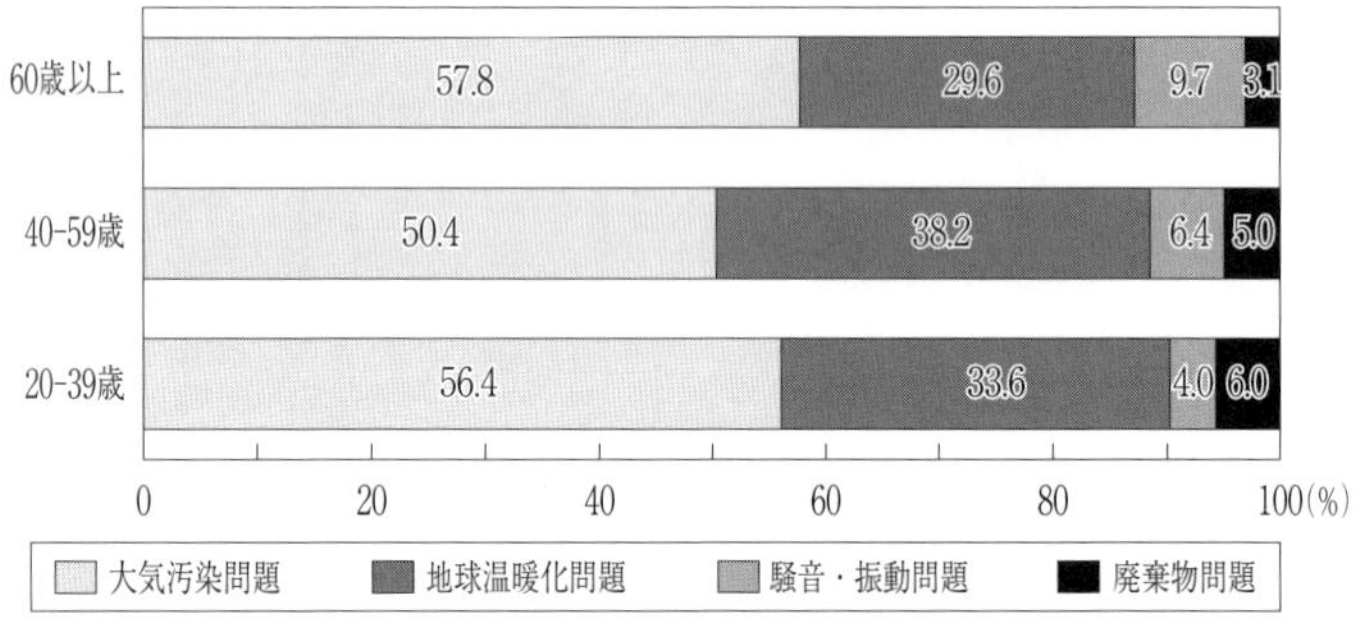


$x^2$=29.497　　df=9　　p＜0.001

**図5－8**　世代別自動車による環境問題の認知（2005年）

（出典）図5－3と同じ.

による「環境問題」の認知としては「大気汚染問題」が過半数を超えており、統計学的には有意であった（図5－8）。

## 6　持続可能性概念の見直しと自治体政策の方向

**持続可能性概念の見直し**

環境省をはじめとした省庁がこれまで頻繁に用いてきた「百年先の気候変動の具体的な影響は不明だが、影響が出てからでは遅い」という見解から自由になるには、短期的で、可視的な政策効果が実感できる分野を対置することである。社会変動論からは、自治体レベルの社会秩序を脅かす問題への優先的展開を心がけることになる(12)。

具体的には、第一に「持続可能性」とその概念の見直しである。これは五〇年や一〇〇年先という長期性に加えて、先進国や途上国を問わない地球規模のテーマになった二酸化炭素地球温暖化認識が、実際の対応レベルでは恣意的なエコ対策に矮小化されたことに象徴される。六gにすぎないレジ袋廃止運動は支援をするが、ジェット機による一分間の二酸化炭素六〇〇kg排出を放置するのでは、政府や自治体や環境団体のエコの本気度が疑われるであろう。地球温暖化対策から見ると、観光関連の大臣や知事や市町村長がわざわざジェット機でアジア諸国に出かけて、観光客の誘致をするようなパフォーマンスは論外になる。

また、自宅コンセントから充電できる電気自動車は、電力の七〇％前後が火力発電に依存している実情を必然的に前提とすることから、二酸化炭素ゼロではありえない。この現実から、電気自動車は二酸化炭素排出ゼロというCMを半年間も流した企業倫理は批判されても当然である。同様に、資源の無駄を承知で、まだ使えるクルマを廃棄して、「エコ替え」を推奨するCMを流した企業倫理も非難されるであろう。くり返すが、まさしく「電気はよいが、どこから得るか」（伊藤・渡辺 2008：202）が問われるからである[13]。

### 恐怖抑止論を克服する

第二に、このような「恐怖抑止論」から自由になり、恣意的な二酸化炭素温暖化論よりも優先順位の高い政策が並ぶことへの配慮が欲しい。二〇一〇年に期限が切れた「過疎地域自立促進特別措置法」はほぼそのままで継続されたが、全国知事会では以下のような評価をした。過疎地域自立促進特別措置法「改正では、現行の過疎地域は引き続き指定するとした上で、直近の国勢調査に基づく指定要件が追加された。また、過疎地域自立促進のための特別措置が拡充され、特に、地域医療の確保、住民の日常的な移動のための交通手段の確保、集落の維持及び活性化などのいわゆるソフト事業が過疎対策事業債の対象とされるなど、過疎地域の要望に応えたものであり、高く評価したい」。

このように評価された政策もあるが、二〇〇七年で高齢者が六割を占める「農業就業人口」で、一〇年後に「食料自給率」を現在より一〇%上げる方法についての農林水産省の方針は依然として鮮明ではない。

そして八〇〇万人の団塊世代全員が六五歳になる二〇一五年に向けて、年金と医療と介護を軸とする社会保障制度の根本的見直しの動きは皆無である。二〇一五年に大量の団塊世代完全退職が正確に予想されるのに、過去二〇年間の与野党による政治と行政は、これらの緊急でかつ非常に大きな国民不安の主因を解消してこなかった。

おそらくもはや盛りを過ぎた日本は、五〇年先の「仮定」の世界に遊ぶほどの余裕はない。このままでは、地球科学における仮定法による推論が導く恣意的で誤った政治的対策しか残らない。本書ではその動きに疑問を投げて、「誤作為のコスト」は膨大な無駄の温床でもあるとした。

もちろん「少子化する高齢社会」への対応が、社会保障制度の革新だけと結びつくのではない。二一世紀になってよりいっそう鮮明さを増した階層格差、コミュニティ格差、世代間格差、ジェンダー格差、女女格差などを緩和する取り組みにも、それは結びつく。すべて政策の短期的効果を必要としている社会問題であり、次世代育成にとってもこれらの格差の除去は大きな意味がある。

### 安全と安心の政策が最優先

第三には、都市の社会秩序維持への優先的対応である。これはそのまま自治体のまちづくりの原則に連なる。ここでは、

(1)ダイナミックで、密度の高い中心市街を作る
(2)都市の内部のネイバーフッドを再生する
(3)都市の公共交通を再編する
(4)環境を守り、その働きを促進させる

でいいかという判断が問われるようになる（Rogers & Power 2000=2004：284）。これを再度集約すると、「都市をサステナブルにする」ことが、結局は「結束が強く、魅力あふれる」（同右：290）と仮定されたまちづくり原則に変貌する。

しかし、日本社会では、人口が減少し、「ゆとりある教育」により人間が変質した時代が二〇一五年以降は常態化するので、サステナビリティ原則だけではその行方は楽観を許さない。

なぜなら、「都市をサステナブルにする」ことが、「余暇時間も増え、安全も高まり、事故も減り、教育も高まり、利便設備も増え、所得も上がり、飢えた人も減り、食糧は増え、健康で長生きできるようになった」（Lomborg 2001=2003：535）現代都市で、万能の切り札とは思われないからである。

人口変動としての「少子化する高齢社会」が鮮明になった今日、増加した高齢者をリスクと見るか社会資源の増大と見るか。水俣病をはじめとした公害問題の取り組みの経験を生かして、新しい環境社会をどう描いていくか。二酸化炭素は悪玉ではなく、エコもグリーンも空疎な概念だと理解したときに戻るところは普遍的な環境3R原則である。その意味で、今後に社会学からの参入が期待される科学的テーマとしては「人口変動と環境社会」になる。二〇世紀前半に、高田保馬（1925=1948=2003）は精神史観（宗教史観）、唯物史観（経済史観）、人口史観（社会学的史観）を歴史の流れの中でまとめたが、二一世紀では人口史観のあとに強力な環境史観が登場した。

自然災害を含む環境研究への社会学のアプローチは限られるが、環境史観と人口史観の接合に関しては諸学の先端に位置する。この応用問題への学界あげての取り組みが日本の社会システムからの機能的要請でもあり、国民からの期待も強いはずである。

かつて一九六〇年代の高度成長期は社会学の時代といわれ、社会学の成果はコミュニティ政策や社会開発推進や都市問題対策に活用された。その時代とは文脈は異なるものの、二一世紀前半の日本でも人口と環境をめぐっては社会学の時代になるように微力を尽くすしかないであろう。

# 注

## 第1章　社会学の環境論

（1）日本語の「環境」はかなり新しい言葉である。古語辞典にはもちろん登場しないし、明治期になっても、たとえばヘボン（1886=1980）では、項目に掲載されていない。ただし、和英として〟シウキ　周囲（mawari）n. Environs, surroungings; machino-; -no mono, environment〟という記述がある。また、英和では〝Environment, n. mawari no mono〟はあるが、surroungings は独立させられてはいなかった。事情は大槻（1932）でも同じであり、独立の項目掲載はない。斎藤（1952 新増補版）でも、environment と surroundings には「環境」という訳語はない。もっとも斎藤（1928=1999）では「環境」の項目は立てられて、environment と surroundings が充てられていた。

（2）倉田は「生活システム」と訳し、富永は「生命システム」と訳したが、人間が環境と相互作用をすることを押さえておけば、どちらでも構わない。

（3）ただし同じ時期に出されたルゼックとウォレン（1957）では、「環境」は章としても事項索引にも登場しない。また、一九八一年に刊行された定評あるテキストであるブルーム、セルズニック、ブルーム（1981）でも同じ扱いを受けている。

（4）人間は生き残るためにそして成功を得るためには、この環境と効果的に相互作用しなければならない。社会環境は社会ないしは文化が提供する現実の物的基盤を包摂する。これは、人間が住む住居、働く場所、役立てられるお金、人々がそれによって暮らせる法律や社会的規則も含む。そしてまた社会環境は、個人、集団、組織、人間の接触を伴うシステムであり、これらは家族、友人、職業集団、政府などを含んでいる。健康、介護、住宅、社会福祉、教育システムなどの社会制度もまた、この社会環境がもつ別の側面である。

(5)「環境社会学に不足しているのは、社会学の広範な領域で環境社会学を論戦の表舞台に引き出すに足る影響力の大きな研究成果である」(Hannigan 1995=2007:17)。

(6) 低炭素社会は、これまでの産業構造が激変するので、「所得と雇用の確保という点からみれば、大変痛みをともなうプロセス」と見られている(諸富・浅岡 2010:228)。しかもこれは伝統的行動様式の改変を前提とする。しかし、その対応策づくりは政府の責任であり、教育訓練投資であり、働く人は低炭素経済社会における成長産業に必要な「技能と知識」を身につけようというだけでは不十分である。

(7) ここでの「外なる限界」と「内なる限界」については、村上(1975)に依存する。もっとも「三・一一」以降では、「外なる限界」を放射能とする立場が急速に台頭して、二酸化炭素の存在は急速に薄れた。

(8) 考えたり、判断したり、行為に結びつけたり、悩んだりする心的作用である「思心環境」や内部環境の射程距離は短くて、二〇年先や一〇〇年先までを包み込めない。天気予報の最長予報期間が三カ月先までであることはその象徴であろう(金子、2009a:146-147)。

(9) 二〇一一年段階の二酸化炭素地球温暖化論も低炭素社会論も、このレベルに到達しているわけではない。

(10) この点で、デューイに依拠した「科学とは一塊の知識乃至結論ではなく、何よりも方法乃至態度である」(清水 1950:169)は正しい。知識として社会的共通資本論を展開する宇沢の態度は、二酸化炭素地球温暖化論では方法論的疑問を生じさせる。

(11)「環境社会学の既存の研究業績には、第一に環境破壊の原因、第二に環境意識と環境運動の高揚」が指摘されることがある(Hannigan 1995=2007:18)。これまでの研究史を概観すると、確かにある特定の環境破壊現象を取り上げて原因の分析を行い、最終的に解決の方向を環境住民運動に収斂させた結論が多く見られた。

(12) たとえば、「生活者が『理念』と『力』と『責任』で低炭素社会形成をリードしなければならない。なぜならば、一次エネルギーの低炭素化だけでは二酸化炭素の大幅削減は困難で、消費者側のエネルギー使用抑制なくしては低炭素社会に到達できない」（西岡 2011：183）といわれる。「消費者側のエネルギー使用抑制」とは、本を買わず、飛行機にもクルマにも乗らず、ビールを飲まず、観光客は歩いて回ることなのであろう。

(13) 二〇一一年九月に四国と紀伊半島を直撃した台風一二号では死者と行方不明者の合計が百人を超えた。被災した家屋も数多い。この二〇年で二酸化炭素によって台風一二号並みの被害がどこでどのように生じたのであろうか。

(14) 『北海道新聞』（二〇一一年九月六日）の「原発再開反対意見」の「特集」で、北大公衆衛生学名誉教授の談話に三カ所にわたり「被爆」が使われていた。名誉教授本人に確認したところ談話の際には「被曝」と表現したとのことであった。署名記事なので、インタビューした記者に問い合わせたら、「原稿の段階では『被ばく』としていたが、最終的に社内で直された」との返事があった。会社をあげての被爆、被曝、被ばく、ヒバクの意図的な使用例の典型である。

(15) 二〇一一年七月一二日秋田市で開催された全国知事会の席で、滋賀県知事と山形県知事は「卒・原発」を提唱した。それに対して、原発が立地する福井県知事、富山県知事、愛媛県知事は現実的ではないと反論した（七月一三日新聞各紙）。

(16) 「持続可能性は、かつて適正という言葉が陥ったと同じ轍を踏んで、……結局は何とも指し示さない無意味な概念に終わってしまう」（Schunaiberg & Gould 1994=1999：260）。

(17) たとえば、北海道のまとめによれば、二〇〇八年度の「二酸化炭素排出量」は七一三二万トンであった。計算式そのものにも疑問はあるが、それを不問にすれば、全体としては前年比で一・五％の減少になった。

この理由としては道内の景気後退により産業部門での排出量が減ったためであるという。具体的には産業からの減少は前年比で三・八%、運輸でも二・四%減を示した。他方で人口減少のなかで世帯数が増加したために、民生部門では〇・五%の増加となった。なお、日本全国の二〇〇八年度「二酸化炭素排出量」は一二億八〇六二万トンであり、前年比では六・二%の減少であった。すなわち、行政や企業による「温暖化対策」は無効であり、二酸化炭素を減少させる簡単な方法は景気低迷であることが証明された。ここから、「日本を元気にする」、「産業に活力をつける」、「外国人観光客を多数呼び込む」政策と、「二酸化炭素排出量」を削減した「低炭素社会づくり」政策との間には完全な矛盾があることが理解される。

(18) 地域構造は多層であり、多段階の領域(人口、産業、経済、家族、農業、地域、福祉、教育、医療、政治、行政)をもつので、どれを対象にするかで、評価が変わる。たとえばICT(情報と通信技術)の飛躍的発展は直接的恩恵を得る受益層を増加させる一方、間接的恩恵に止まる層もまた生みだす。前者には企業、工場施設、病院、福祉施設、教育施設、商業施設、交通機関、農業機関、通信機関、家庭などが該当して、後者には、経営者、労働者、株主、患者、入所者、児童・学生、顧客、乗客、農家、利用者、消費者、家族員、納税者などが含まれる。

## 第2章　環境と電力問題の知識社会学

(1) マンハイムの民主主義的計画論は思考様式としては有効であるが、そのイデオロギー分析とユートピア論は実践的計画論への応用が難しい。

(2) 何らかの成果を目指した研究という営為では、自らの乏しい体験からイデオロギー思考に陥らないように特に気をつけてきた。その周知の事例は地域的不均等発展論と少子化対策論に存在する。前者に関しては、日本国内の地域的不均等発展を批判する時に日本のマルクス主義者が依拠した国家独占資本主義論が典型である。二〇年後に発覚した社会主義中国に見られる甚大な地域的不均等発展を目にした後では、日本の国家独占資本主義論は消滅した。また、少子化対策論の際に繰り返されたフェミニズム論的な「待機児童ゼロ作戦」も、鳴り物入りの「ワーク・ライフ・バランス」の提唱も少子化対策の効果には乏しいままであった。両者はあまりにも安直なドグマに依存したために、動きのある現実から裏切られ、学問的な誤認を引き起こしてしまった（金子 2003）。

（3） たとえば、福祉社会学隣接分野の地域医療と介護研究では、「三・一一」以降のケアマネージャーへの期待は次の通りである（折茂 2011：64）。⑴自らの命の確保と家族の安否の確認、⑵自らの無事を家族や仲間に知らせること、⑶仲間や職員らの安否の確認、⑷利用者の安否の確認、⑸ライフラインの確保、⑹生存者の状況把握、⑺残存した社会資源の把握と活性化への働きかけ、⑻廃用症候群予防のための活動、⑼市町村行政・医療機関などとの連携、⑽自らの疲弊の解消方法。なお、ソルニットが消防士とのインタビューで拾い上げた「災害においては、物はもはや重要ではない。人だけが重要だ」（Solnit 2009=2010：437）はいつの時代でも真理である。

その意味で、「三・一一」以降の社会学の課題を「反原子力社会」（長谷川 2011a：2011b）に絞るような限定的思考は国民の期待を裏切る。なぜなら「逝ってしまった二万人」は原発爆発の被災者ではなく、自然災害の被害者だからである。大地震と大津波による生態系の破壊が原因なのだから、社会学からの対応でも生態系復旧・復興への最大限の配慮を求められるであろう。

（4） altruisme（愛他主義）はコントの実証精神論で造語された概念であり、英語の altruism でもまず他者の幸せと暮しよさについて考えることを意味する。コントは神学が普遍的なこの時代にみる過度の「利己主義」がもたらす反社会性を危惧した。その根本的な認識は「人間社会は直接には単なる個人の集合にすぎず、社会内における個人の結びつきは一時的であると同時に、ほとんど偶然的なものであって、各個人は自己の救いにしか関心がない」（Comte 1844=1980：205）であった。これが一八四四年時点のフランス社会の観察からの指摘である。一六〇年前の文章とは思えない現代性が感じ取れる。

それに対抗するかたちで、「ひとりの人間が多種多様な局面で他のすべての人間と結びついている」実証的精神の時代には、「私たちは、あらゆる時と場所に正しく拡大された社会的連帯という深い感情に、知らず知らずのうちに親しむ」（同右：206）し、「過去や、特に未来に及ぶあらゆる集団的存在に深く自分を結びつける」（同右：206）と見て、ここにaltruisme（愛他主義、利他主義）を位置づけた。

（5）フランスの原発比率八〇％、カナダの水力発電比率六〇％、インドの石炭火力発電比率八〇％などはそれぞれの気候風土の条件や経済政策によるところが大きいので、世界的な多文化主義の現代では相互に認め合うしかない。発電源バランスを維持してきた日本もまた独自の方向付けが可能であり、風力発電指向が強いドイツやデンマークだけが準拠すべき国であるという理由はない。それぞれの国民性や経済政策が異なるために、多文化主義は福祉分野だけではなく環境分野でも等しく適用できる。その意味で、多文化主義は「多分化主義」なのである（本書図2-2、五四頁参照）。

（6）水質汚濁、騒音、振動、土壌汚染、地盤沈下、悪臭を含めて公害と呼び、その被害者救済のために環境庁が作られたのは一九七一年であり、環境省へと改組されたのは二〇〇一年である。

（7）一九六三年一一月九日に大牟田市三井三池三川鉱での炭塵爆発は死者四五八人、負傷者五五五人という戦後最大の炭鉱災害であった。一命を取りとめた負傷者の中には、一酸化炭素中毒による記憶障害、知能低下、視力喪失といった後遺症が出た。なお、落盤事故、炭車事故、炭塵爆発などの炭鉱災害は、石炭産業の勃興期や確立期の明治時代から連綿として死者を累積させてきた。隅谷の調査によれば、一八九九年から一九一二年までの死亡者五〇人以上の炭鉱爆発は全国の八炭鉱であり、合計で一六三二人の死者が出ている（隅谷 1968：42）。その理由は⑴資本不足による坑内施設の節約、⑵収益増大のための必要経費の削減にまとめられる（同右：338）。

また荻野の調査によれば、一九二二年の石炭鉱山の死傷者は六二・二八％（同期の金属鉱山が二三・七七％、化学工場が三・四七％、機械器具工場が六・四八％）であり、一九三二年の石炭鉱山の死傷者も四二・六六％（同期の金属鉱山が一五・九〇％、化学工場が三・一五％、機械器具工場が六・三五％）であった。まさしく「炭鉱業は産業部門のなかではもっとも労働災害による死傷率が高い部門であった」（荻野 1993：306）。

（8）札幌鉱山保安監督局の資料に基づく布施らの研究では次の通りである。一九五〇年から一九七三年までの北海道内の炭鉱災害回数は三八万七七八回、死者総数は三六八二人、死者と重傷者と軽傷者を合計した罹災者総数は三八万三七九五人に上っている（布施編 1982：70）。石炭採掘現場だけでもこのような悲惨な事故や死者は膨大になる。脱原発の一環で国内資源の活用を前提とした石炭火力を改めて主張する際には、過去の事故についても正確な認識をもっておきたい。

（9）日本の場合、高度成長期の頂点であった一九七〇年の交通事故死者が一万六七六五人で最高になっている。なお、交通事故死者の定義は「事故後、二四時間以内に死亡した人」である。一九八〇年が八七六〇人、一九九〇年が一万一二二七人、二〇〇〇年は九〇六六人であった。ただし、二〇〇九年は四九一四人、二〇一〇年も四八六三人になり、事故死者が多かった時代の半分にまで減少している（矢野恒太記念会編 2011：495）。

（10）この段階での福島原発人災による死者はゼロである。

（11）ここでの社会システムストレス論はバートン（1969=1974：42）に依拠している。「集合ストレスは、社会システムの内・外いずれかの原因で起こり得るものである。外部的原因とは、社会システムをとりまく環境における好ましくない大きな変化である」（同右：36）。大地震と大津波が「外部的原因」であり、被災が「環境における好ましくない変化」に該当することは自明である。

なお、リンチの都市論では、時間の次元について以下の分類を行っている（Lynch 1972=1974：109）。

(a)単位―分割された時間構造のサイズと精度

(b)周期―イヴェントが循環を繰り返す時間の長さ

(c)振幅―ひとつのサイクルの中での変化の度合い

(d)速度―変化が起きるスピード

(e)共時性―サイクルや変化が位相を一致させる度合い

(f)規則性―前述の各ディメンションの安定度を示す度合い

(g)方向性―（主体が人間である場合）注意の方向が過去、現在、未来のどちらを、どの程度に指向しているかを示す度合い

(12) ソローキンには周知の災害と社会の研究がある。ただし時代の制約から、そこでは飢餓、ペスト、戦争・革命が災害事例とされている。これらがもたらした危機により、人間の命はもちろん、社会的、経済的、政治的組織、生活様式、思考様式はもとより、芸術や科学、哲学や宗教、倫理や法などすべてにわたって崩壊や破壊が進む。これらを経験した後、われわれが選び取る道についてソローキンが下した処方箋は次の通りである。「社会にとって、危機を緩和し短期化する最も身近な、最も効果的な、そして実践的な方法は、その宗教的、道徳的、科学的、哲学的価値を再統合することである」（Sorokin 1942=1998：201）。ここでも統合の問題が強調されている。

(13) 八月五日の厚生労働省の発表では、八月三日現在での義捐金総額は三八一七億円であったが、被災者への支給は一二四六億円にとどまっていた。

(14) 資本主義、社会主義、エネルギー、食糧、人口、資本、失業のどれでもなく、もっと基本的な人間生活における市場の役割と文明の将来が問われている。……そしてこの中心には、プロシューマーの登場がある

（Toffler 1980=1982：380）。

(15) 社会システムは、近隣、コミュニティ、都市、郡、地方、県、国家のような地理学的単位とともに、個人、家族、友人、ジェンダー、世代、階層、民族などの社会学的単位を持つから、集合的ストレスの及ぶ範囲も程度も強さも異なる。その意味で、対象を縛りこんで支援の焦点を限定した研究がまずは求められる。なお、早い時期での東日本大震災からの「復興提言」に伊藤茂ほか編（2011）があり、参考になる。

(16) 住友生命保険の調査によれば、時代が必要とする価値のうち「絆」が最高点を得たという。二〇一一年八月二日に住友生命が発表した東日本大震災の復興支援を目的としたチャリティーアンケートで、日本の未来を強くする漢字一文字の一位は「絆」だった。その理由として、「一人の力は弱くても、みんなが手を取り合って協力すれば何でもできる」（三〇代・女性）、「お互いに思いやる気持ちが日本をひとつにする」（五〇代・男性）、「非常事態のなか、大切なのは人と人とのつながりだった。一度培った絆はめったなことでは切れない」（四〇代・女性）といった声や、被災地から「まったく顔を知らない人々からあらゆる支援を受け、人の持つ関わりを強く感じた」（宮城県・三〇代・男性）など、実体験からの声も寄せられた。

(17) この段階での有効回収率としては低いが、やむをえないであろう。

(18) 法律が成立しても、内容が不十分であれば、廃棄などを含む見直しは当然である。

(19) 一つはヒロシマ、ナガサキ、フクシマというカタカナ表現の定着である。もう一つは、被爆、被曝、被ばく、ヒバクの意図的混用である。これらの表現への疑問はマスコミレベルでは掲載されなくなった。

(20) 日本の原発が臨海地帯に立地しているのに対して、フランスの原発は河岸立地が多い。加えて地震が少ない地帯特性のために、原発への津波の被害もない。そのために、福島原発のような生態系全域を覆い尽くす自然災害とそれに付随した人災が発生しない。これもまたカナダやインドをはじめとするそれぞれの国が置かれた事情に該当する。

(21) エネルギー政策をめぐる社会的合意として、(1)安くて（価格）、(2)クリーンで（環境負荷）、(3)安定的に供給できる（供給の長期的安定性・確実性）が指摘される（長谷川 2011a：394）。この三原則から見ても、自然再生エネルギーは最優先されないであろう。なぜなら、現段階でも将来でも割高な発電料金が予想され、放射能は出さないが、立地する生態系を確実に破壊して、植生を変えることが見込まれるからである。また、想定外の台風、地震、津波への無力があり、安定的供給への不信感が根強い。

(22) ヴェーバーが政治家の資質として求める情熱、責任感、見識のうち、「日本再生計画」に取り組める見識をもつ国会議員はどれくらいいるのだろうか。

(23) 弱者への心情的理解を表明し、市民目線を強調するマスコミが、風力発電がもたらすこのような本質的問題について黙殺し続けていることは全く理解できない。

(24) 市民という表現だけではこの問題の理解は不可能である。実際に復興計画を策定して、予算の裏付けを得ようとしている政府関係者は、ここで紹介したような既存の研究成果をしっかり学び、応用しようとしているのであろうか。

(25) コミュニティの探求にとって、「相違の恐怖」が妨げになることは指摘されてきた（Cantle 2005）。

(26) バートンはこれを「治療的社会システム」と呼んでいる。

(27) 『平成二三年版　高齢社会白書』では、「社会的孤立」が特集されている。

(28) 執筆段階の八月二〇日での警察庁のまとめでは、行方不明者四六一六人を含む死者総数は二万三三二七人とされた。また八月一一日段階での内閣府のまとめによれば、避難・転居者総数は八万二六四三人であった。同じく校正段階の一一月一一日現在では、行方不明者が三六五〇人であり、死者は一万五八三六人とされた。同じく一一月一一日現在の避難・転居者は七万一五六五人であった。

## 第3章　懐疑派から見た二酸化炭素地球温暖化論

（1）しかし、発電規模を無視しており、太陽光や風力等の施設建設時点の土地確保、想定外の自然災害への対処、土地収用価格の捻出、および資材の問題が残る。

（2）ここには重工業の枠を集めた洋上風力発電が含まれるが、浜岡原発で想定した規模での津波への配慮は不要かという疑問が解消されていない。

（3）これらは可能性レベルの期待感のみが先行する。

（4）資源循環のコストの問題未解決や古紙再生でもコストが高くなるという現実を軽視している。

（5）気候研究部門（CRU）とアメリカ航空宇宙局（NASA）のゴダード宇宙研究所（GISS）が、『「地球の気温はどう変わってきたか』につき、世界で双璧をなす情報発信源だといってよい」（渡辺 2010a：19）。全世界の人間に膨大な金と時間を浪費させる地球温暖化騒ぎは、筋書きに合せて科学知見をいじる少数の集団が生み出していた（渡辺 同右：38）。

（6）CRUのジョーンズ所長は、自分は単なる科学者であり、危機管理の訓練を受けていないと言い訳をしたが、この発言こそ「科学者としての素質そのものが問われている」（小田切 2010：45）といってよい。

（7）「理論と観測の両面からそれぞれに経験を積んだ」科学者の仕事を総合する大型自然科学の一つである地震学もまた、なかなか測定精度や予測や速報の精度が高まらない。この点に関して、「東海地震を想定して膨大な費用を使って予知法を研究し、防災演習も毎年実施されたが、結局、予知技術の完成にはほど遠い」（御園生 2008：120）という指摘がある。地震学会による「三・一一」の反省理由も同じであった。

二〇一〇年一二月二日朝に発生した札幌市直下型の地震では震度三だったのに、札幌管区気象台は震度五弱と推計した。また、緊急速報は本来揺れが届く前に流れるはずであったが、実際には揺れの数秒後に速報が流れた。これについては、新聞は「これじゃ気象庁の信頼も揺らぐ」（『北海道新聞』二〇一〇年一二月二日）と書いたが、二酸化炭素地球温暖化論に関しては依然として全面的な信頼があるように思われる。

（8）渡辺はこのような事情を説明しながら、日本も含めての「地球温暖化」は茶番劇であると指摘している（渡辺 2011）。

（9）「信念派」は、地球温暖化の象徴であるマンの「ホッケースティック曲線」のデータに疑惑があること、湖底気温データでは上下を入れ替えられていること、ヤマル地方の異常データが使用された形跡があることなどをまったく顧慮しない。伊藤は「こうしてＨＳ（ホッケースティック、金子挿入）曲線はまさに破綻した。しかし、それだけではすまない。これだけ社会的な影響力をもってきたデータが間違いであっては、気候科学の研究自体が信用を失ってしまいかねない」（伊藤 2010a：61）と指摘している。

（10）「低炭素社会という言葉は、人間が自ら生命の素である炭素を否定する、愚劣極まりない、非科学的観念論の所産である」（広瀬 2010：168）。

（11）黄砂にも利点があるとするこの論考では、鮮明に認められる大きなマイナス効果に対置しているのは、将来的な可能性を与えられた小さなプラス効果である。このような比較は科学的に正確であろうか。

（12）大気中の二酸化炭素はppm（parts per million）という百万分率を単位にしている。近藤が使ったppb（parts per billion）は十億分のいくつかを表わすので、明らかに誤解であろう。

（13）Newton 創刊号から編集長を務めた竹内は、地球論の結論として「これから先しばらくのあいだ気温がどのように変化していくのか。それについては専門家のあいだでも意見がわかれている」（竹内 2001：155）とまとめていた。しかし、一〇年後の『Newton 別冊　地球温暖化特集』（2010）はクライメートゲート事件をほぼ黙殺した「信念派」による大特集だった。一九九三年の『Newton 別冊　地球大異変』ではまだ「懐疑派」の部分も残しており、現状よりもややバランスが取れていた。たとえば、「地球大気の温室効果でいま問題となっている二酸化炭素は、人間の活動によってだけではなく、気候の自然変動の中でも大きく変動している」

(1993：53）という指摘があった。

(14) 雑誌の特集も、自然科学だけでなく社会科学からの主張も織り交ぜて、「信念派」と「懐疑派」間のバランスをとる『臨時増刊　エコノミスト』（二〇一〇）や「懐疑派」のみを特集した『週刊現代』（二〇一〇）まで幅広い。

(15) 大半の日本マスコミの姿勢は、「気温が高くなると、底意を秘めた『温暖化』という言葉でくくって聞き手が二酸化炭素を連想するように誘導する」（広瀬 2010：19）。

(16) 渡辺は全米四八州の都市と田舎における気温偏差のデータ補正を取り上げて、「田舎だけ上向き補正」があったことを論じている（渡辺 2010b：67）。

(17) 国際援助を標榜するＮＰＯのＤＡＲＡもまた、二〇一〇年一二月にメキシコで行われたＣＯＰ16で同じような報告をしている。地球温暖化が進むと、二〇三〇年には熱中症や感染症や栄養不良により、世界で八四万人死亡という内容である（『北海道新聞』二〇一〇年一二月四日号）。

(18) 「研究の応用の中で伝承された研究対象への批判能力および学習能力を、認識の基盤と認識の利用とに対して転用していく」（Beck 前掲書：375）方向が、環境への社会学的アプローチにも求められる。

(19) ある時代の主流をなす知識が国民全般に万遍なく行き渡ることはない。多くの場合、政権与党と中央官庁と大企業など社会システムを動かす側によって選択された結果の情報が、マスコミを通じて国民に繰り返し提供される。したがってその情報には恣意性が付着するし、科学的な正確性が欠落したものが含まれる。私の研究分野でいえば、過去一五年近く少子化対策で筆頭を占めてきた「待機児童ゼロ作戦」は、該当者が保護者の二〇％程度しかなかった。それは、子育ての公平性を求める社会全体での少子化対策とは無縁であり、働けイデオロギーを根幹にもつフェミニズムを遵守する政権与党と中央官庁による恣意的な選択であった。したがって、官庁の担当者は数年おきに変わるが、平均すると年間で一兆円をつぎ込みながら一五年経過しても、日本社会の少子化動向には何の変化も生じなかった。二酸化炭素を地球温暖化の筆頭要因に決め付ける政治のなかでは、これまでもこれからも科学的な正確性は保証されない。日本で環境税を国民に強要して、それを温暖化対策に回しても、世界的には多数派の無規制国家が垂れ流し続けるから、地球全体の二酸化炭素は増大するばかりである。

(20) ここでのデュルケムの視線はフランス国内に固定されがちであるが、社会的事実が持つ「外在性」と「拘束性」は本来国を越えても該当する。ただ、ある国の社会的事実がその国民を拘束しても、別の文化による外国では「拘束性」を感じない場合も多い。宗教や伝統が異なれば、結婚や離婚などの評価基準も違うし、発電所や工場からの煙突排煙規制やクルマからの排ガス規制の必要性判断も変わる。したがって、この観点からも日本が多用してきた「率先垂範論」は外国には届かないといわざるをえない。

(21) 知識は政治思想、信条、宗教、政党、民族、性、世代、階層、実利、健康状態などの差異を超えて、「利害」によって共有されることがある。「二酸化炭素地球温暖化」説に収斂してきた人びとはその典型である。二酸化炭素地球温暖化が危機だとして、あらゆる「予防原則」を信奉する人々にはある種の「利害」が一致する。「どのような地位にいて何と接触するかは、何を見、聞き、読み、経験できるかを決定するだけでなく、何を見、聞き、読み、知ることが許されるかを決定するうえでも大きな役割を果たしている」(Lippmann 1922=1987：80)。知識社会学の分析によって明らかなように、異なる地位や立場の人間が同じ仮説を信奉する。この理由は、その時代における「利害」の共有が見込まれるからである。

(22) この事情は、経済学の宇沢(1995)でも佐和(1997)でも吉田(2011)でも同じである。

(23) 機械工学者、気象学者、経済学者も自分の専門分野を越えて発言する。たとえば、環境システム工学を専門とする西岡は、高山植物の多様性の喪失、海面上昇、海の生産量、農業生産、降水量、世界の水問題、メタンガスの放出、マラリアの蔓延、害虫の分布拡大などまで論及している(西岡 1993：97)。一七年後、西岡の監修したNewton編（2010）でも、水資源の影響、生態系への影響、食糧生産への影響、沿岸域への影響、健康への影響などが想定されている（同右：80-113）。なお、「真の豊かさ、安全安心を保障する社会」が「低炭素社会」であるという論拠は依然として希薄である（西岡 2011）。

(24) テレビや新聞では「南極の温暖化」が報じられることがあるが、環境省地球環境局のホームページで見る限り、「南極の温暖化」はありえない。Newton編（2010：44）でも、くわしいことは分からないが、「南極点はむしろ寒冷化しています」とのべている。

(25) 自然科学の正しい成果に基づく環境政策ならば、人類のライフスタイルの転換を含む環境への配慮は当然であるが、不確実な成果に依存した政策転換（誤作為）はむしろ人類の危機になる結果を招来する。

(26) コープさっぽろは二酸化炭素削減に熱心だが、市民向けの冊子では多くの場合二酸化炭素削減と省エネを同一視している（コープさっぽろ 2010）。たとえば、テレビを見る時間を減らし、主電源から切る、パソコンを使う時間を減らし、主電源から切る、白熱電球を電球型蛍光ランプに替える、使っていない照明は消すなどは「エコのスイッチ」として推奨しているが、これらは省エネにはなっても、発電所での発電の際にはすでに二酸化炭素を排出しているから、その時点での二酸化炭素削減にはなりえない。

(27) 「地球に優しい」と「人に優しい」は両立しない。これはちょうど二酸化炭素の二五％削減と経済成長とが整合しないことと同じである。両立を主張することは自由だが、論理的な方針も合せて提示してこそ、その主張に説得力が生まれる。

(28) 新睦人はこの論理を「機能的な基礎診断モデル」の事例と評している（新 2011：3）。

(29) 本書で繰り返し指摘するように、宇沢の視界には、都市的インフラストラクチャーとしての「道路、電力、上下水道、学校、病院」などを社会的共通資本として重視する一方で、これらの施設の建設と維持に膨大な二酸化炭素が排出されることの無視が共存している（宇沢 1995：2002：2008a：2008b）。

(30) 物的環境の解明が自然科学であり、人間の習慣と慣習と行動の研究が社会科学であることは自明であろう。地球温暖化は物的環境の事例であり、慣習としての省エネや節約は人間の生活システムに含まれる。

(31) 「未来予測については、シミュレーションの妥当性を直接的に検証することができない。問題が大きいだけに、ＩＰＣＣの予測を額面通りに受け取ることは逡巡される。複雑、不確実な要因が多い未来予測を定量的に予測できるほど、人間が賢いとは思えない」(御園生 前掲書：114) をかみしめておきたい。

(32) 「省エネ製品の購入に国が補助金を出せば、購入者のコストが減り、普及しやすくなります。それは日本の二酸化炭素排出量削減につながります」(Newton 編 2010：143)。「補助金」の財源はどこにあるか。３Ｒの筆頭である Reduce 原則を無視して、使える製品をわざわざ捨てて、省エネ製品を新しく製造して、補助金で購入を進めたことは、環境に配慮した「エコ替え」になったのか。

(33) この六・四トンの根拠は不明であるが、たとえば「今の人間は炭素を一年当たり一トンの割合で放出している」(近藤 2002：150) という指摘もある。あるいは「人間が放出している二酸化炭素は、一年間に約八〇億トン」(Newton 編 2010：123) がある。二〇〇九年の世界人口が約六九億人だから、年間一トンの放出はおおむね妥当な範囲である。そうすると、人生八〇年では一人当たり八〇トンの二酸化炭素排出になる。

(34) 国際化の中で、中国をはじめとしてアジア全域で生産した商品をわざわざ輸送船で日本に運び、売り上げを増大させた企業は多い。しかし、たとえば地元でとれた農産物・海産物や国産の商品を選ぶと二酸化炭素排出量削減になるという販売者もいる (コープさっぽろ 2010：13)。問題は、そのような主張をする販売者が、大量に外国産の商品もまた輸入販売している実態にある。

第４章　地球温暖化対策論の恣意性

(1) 元来、この概念はマスコミ論で多用されてきた。その意味でも‘pseudo’は‘not real’なのである。

（2）民主党政権における環境大臣もまた、環境政策3R原則の理解に関しては同じレベルであったことはいうまでもない。自民党政権下で決定した「地デジ」化は民主党政権下で実現された。この権力的な電波変更が長年の環境政策3R原則と矛盾することに気が付いた政治家は皆無のようである。なぜなら、「地デジ」化は国会において全会一致で承認されたからである。

（3）「二酸化炭素の削減対象として、とかく上流の電力、製造業に目がいきがちだが、下流の最終消費者側から見ることも大事である」（御園生 前掲書：117）。「地デジ」化は下流を権力的に変更させて、上流の製造業に寄与した。もちろんテレビ番組そのものの劣化はとどまっていない。

（4）五月の連休期間で、東名高速だけでも二酸化炭素が五五〇〇トンも増えて、五億円の経済損失が出たという試算もある。

（5）原材料を外国から輸入するという意味での国際化は明治期以来の伝統になっている。しかし、それを加工して生産した商品の販路はおおむね日本国内だけという業種が大半であった。例外がかつての造船業であり、今日では自動車、家電、情報機器、アニメなどの業界に特化している。

（6）いろいろなレベルで、日本の政治家に対しては、ヴェーバーが「職業としての政治」で求めた情熱、責任感、見識を必要としている。

（7）国家が先頭に立ってそれまでの環境政策を廃棄して、新資本主義日本社会の救済に突進したという構図の完成である。

（8）「びっくりグラフ」の問題点は金子（2009a：148–149）でまとめている。

（9）ベックを引用したリスク社会論は盛んであるが、日本社会の具体的分野で、長期と短期、大規模と小規模、全体と部分などの軸が十分に活用されたリスク論は皆無に近い。長期にわたり大規模な影響を及ぼす全体に関わる社会的リスクは「少子化する高齢社会」であろう。

(10) もっとも平成二三年版では記述内容が後退した。酸性雨には「影響の深刻化が懸念されています」(環境省 2011：186)とまとめられているが、黄砂には日中韓で「取組」、「検討」、「調査」、「解明するとなっている(同右：187-188)。

(11) 新はこの点に触れて、「それらは科学的な根拠を相互にトータルな関連づけを行わないままに、生きるために本当に必要な対策を立てられないでいる」と指摘した(新 2011：11)。

(12) 環境税は石油税に上乗せする形で巧妙に新設された。

(13) 「三・一一」以降の反・脱・卒原発への国民意識の変貌はわずか二年前とは思えないばかりの急変であった。

(14) 電気自動車増産、発電所増設、電力スタンド建設の管轄が環境省ではないからであろう。

(15) 総務省の発表によれば、二〇一一年九月一六日現在の高齢人口総数は二九八〇万人(二三・三%)である。男性が一二七三万人(二〇・五%)、女性が一七〇七万人(二六・〇%)であった。また、七〇歳以上が二一九七万人であり、男性は九〇〇万人、女性が一二九七万人となり、未曾有の高齢社会が到来しつつある。

(16) 『週刊現代』(二〇〇九年八月一五日号：162-169)のように、週刊誌では「地デジ」への疑問特集があったが、新聞各紙では発見できなかった。

(17) 国民が知る権利はここでは守られなかったことになる。

(18) 「常温核融合スキャンダル」はわずか二〇年前であるのに、日本の社会科学者や国民全般の認知度は極めて低い。

**第5章　持続可能性概念の限界と見直し**

(1) この「仮定」を連発して議論する方式は少子化対策でもよく見られる。少子化に適用すれば次のようになる。人間の生産性が高まれば、個人の発想を変えていけば、商品の付加価値を高めれば、薄利多売をやめれば、ある程度の能力と働く意志さえあれば、少子化は怖くないし、豊かになれるという論調が一般的なスタイルになっている。しかし、このような論者は自らの「仮定」の実現方法を決して語らない。

（2）周知のように、大気圏は対流圏、成層圏、中間圏、熱圏に分かれており、二酸化炭素は基本的には対流圏のみに影響するから、一般論として「大気圏の温度」が上昇するという表現は誤解を招きやすい。

（3）この複合性こそが、グローバリゼーション特有の現象である。この関係は包摂でも排除でもなく、入れ子状態（nest）になっている。

（4）今回、私が点検した高校教科書『現代社会』は、東京書籍版、第一学習社版、実教出版版の三冊であり、平成一四年三月検定済で、平成一六年二月に刊行されたものである。また資料集は第一学習社版『最新現代社会資料集』であり、平成二〇年八月一月に発行された「改定九版」であった。

（5）気象学者の住は、「気候モデルは完全ではないし、我々の自然に関する知識も完全になることはない」（住 2007：68）という認識を示しつつ、不完全な知識でも、不十分な予測モデルでも、それにより将来の事態の悪化が予測されるなら、今すぐに手を打つべきであると繰り返す。なぜなら、「地球温暖化の場合には、何もしなければ、事態が変化してゆき、取り返しのつかない状況になってしまう」（同右：129）からである。この主張が全体の基調になっている。しかしここには、部分的対応としての日本の努力と未対応の世界（アメリカ、中国、インドその他）が占める二酸化炭素排出比率の差を無視した非現実主義が読み取れる。

（6）『週刊朝日』（二〇〇八年八月一五日号）ではゴア元副大統領と『原発利権』を特集して、槌田の指摘を裏付けている（金子・柳澤 2008：22-26）。しかし、「三・一一」以降では、反・脱・卒原発の動きが急速に拡大して、原子力発電推進派と地球温暖化論者からの主張は聞こえてこなくなった。

（7）一九八八年の暑い日をわざわざ議会聴聞会に選び、「九九％の確信的」温暖化論の主唱をしたハンセンの仕掛けについては、ワート（前掲書：195-197）に詳しい。

（8）伊藤・渡辺（2008）による架空の新聞社説は参考になる。

（9）この雑誌は二〇一一年三月に紙媒体としては廃止されて、四月以降は電子版のみになった。

（10）「グリーン」愛好は各省庁の予算獲得戦略としてのみ機能している。

（11）温室効果ガス歳出削減競争を煽りたてる風潮への批判（御園生 前掲書：167）には、納得するところが多い。

（12）優先順位の重要性について御園生は、次のようにいう。「地球温暖化以外にも、エネルギー、資源の供給、地域的な環境汚染などの持続性に関わる深刻な問題がある。これらを含めて、対策の優先順位を考えなければ、地球温暖化が顕著になる前に、人類は足元をすくわれてしまうかもしれない」（御園生 前掲書：167）。なお、ロンボルク（2007=2008：231）も参照。

（13）「どうやったらいちばん上手にその人たちを助けられるか、と考えることこそ、きわめて道徳的なことだ」（ロンボルク 2007=2008：230）。ダブルスタンダードを政府が国民に強制する事態は尋常ではない。

# おわりに

日本社会学史に残る膨大な業績をあげ、時代のオピニオンリーダーとして著しい活躍をした清水幾太郎の作品は、私の社会学研究の指針となってきた。その著作集は全一九巻（一九九二〜九三年完結）にわたり、代表的な著作が収められている。しかし、その清水でさえも神ではない以上、将来への予見が当たらずに、数十年後の現実に裏切られたという事実がある。

『現代知性全集12　清水幾太郎』（日本書房、1958）は図書館でも古本屋でも探せなくなって久しいが、広島、長崎、ビキニの原水爆の影響を述べている個所がある。ちなみにビキニとは、一九五四年三月一日に南太平洋のビキニ環礁でアメリカが水爆実験をしたこと、その際付近にいた日本漁船第五福竜丸が被爆して、乗組員が死亡した一連の事件を指している。この時代は五三年八月にソ連がセミパラチンスク核実験場で水爆実験をして、五四年九月にもウラル南部で地上での核爆発実験をする時代であった。五七年にはイギリスが太平洋クリスマス島で水爆実験をして、空中の放射性微粒子を指す「死の灰」の恐怖が世界的に語られていた。

このような時代風潮の中で、清水は以下のように書いた。「ビキニの爆発の直後、死の灰は広く人々の関心を刺戟したが、それを忘れかけた三年後の東京には当時の二〇倍もの死の灰が降り注いでいるのである。仮に実験が今直ちに中止されても、向う一〇年間は死の灰は増加する一方で、一〇年後には現在の三倍になり、それから次第に減り始めて、七〇年後に漸く現在と同じ程度になるであろう。広島や長崎やビキニではなく、人工衛星が客体として捕えている地球の上に、人類の上に死の灰が降っているのである。それは呼吸によって直接に人体へ入り込み、或いは筋肉や骨に定着して癌を生ぜしめ、或いは生殖細胞を侵して畸型児を生み出す。こうして、人類の生物学的存在そのものが人間の積極的な行為によって蝕まれ、進化のコースを退化のコースたらしめるようとしている」（清水 1958：257）。

それからの五〇年間の歴史はどうであったか。一九六〇年の日本人の平均寿命は男性が六五歳、女性が七〇歳であった。また、乳児死亡率（一歳の誕生日前に亡くなる乳児の千分比）は五〇であった。しかし、五〇年後の今日、男性の平均寿命は七九歳、女性は八六歳を超えた。同時に乳児死亡率は三・〇を下回った。清水は一九八八年に亡くなったので、このような事実を知りえないが、碩学といえども現状分析に基づく将来予測が困難な事例の一つである。

「三・一一」による福島原発人災による放射能汚染は、かつての地上での水爆実験による「死の灰」とは規模も程度も異質である。人災が鮮明となった五月から、原発からの放射能汚染被害は風評被害も含めて大々的にマスコミによって報道されてきたが、放射能汚染が人体や動植物に与える負の影響はどこまで信憑性があるのか。五〇年前の清水が犯した過ちを冷静に判断すれば、被災地の家屋の屋根や学校の運動場や水田や畑での放射能除染作業の意味を考え直すきっかけが得られる。同時に、三月一〇日まではその恩恵を享受してきた治療用や検査用の放射線利用までを否定するわけにはいかない。

二〇世紀終盤になってから、七〇年代の水俣病などの四大公害救済に貢献してきた環境政策が変質したように思われる。一九八九年のアメリカから突如沸き起こった二酸化炭素を主因とする地球温暖化論を、環境省はこの二〇年間全面的に支持し、普遍的な環境3R原則（Reduce, Reuse, Recycle）を放棄したかのような政策展開をしてきていた。その象徴が二〇一一年七月に完成した総務省主導の「地デジ」化である。

国家が全国五〇〇〇万世帯と事業所にあった一億台以上のテレビを強制的に廃棄させ、それに近い数のテレビを一〇社程度の家電メーカーに新規に製造販売させたことは権力の濫用であったが、「廃棄物の減少」と「必要製造量の減少」を意味する「排出抑制」（Reduce）を掲げてきた環境省は、「地デジ」化に環境3R原則の立場から異論を挟まなかった。国家の二重規範がこれほど鮮明になったことは珍しく、「地デジ」化は与野党問わず国家政策における非整合性の極みでもあった。社会学はこの二重規範をなぜ熟視できなかったのか。

本書の準備期間、夏目漱石『草枕』の冒頭が頻繁に浮かんだ。すなわち「人の世を作ったものは神でもなければ鬼でもない。やはり向こう三軒両隣にちらちらするただの人である。ただの人が作った人の世が住みにくいからとて、越す国はあるまい。（中略）越す事のならぬ世が住みにくければ、住みにくい所をどれほどか、寛容《くつろげ》て、束の間の命を、束の間でも住みよくせねばならぬ」（夏目 1929=1990：7）は、ライフワークとしての社会学の課題を教えてくれた。漱石は「住みよく」する仕事を芸術家に求めたが、私は社会学でもそれが可能だろうと考えて、長らく「都市コミュニティ」や「生活の質」（ＱＯＬ）や

「少子化する高齢社会」などの研究をしてきて、今回は環境分野に取り組んだ。

同時に、「ただの人」とは「常民」（柳田國男）であるから、マルクス主義的な「人民」、社会運動論的な「市民」と歴史主義的な「公衆」という用語は極力避けた。その結果、「常民」を分解しての住民と民衆と大衆それに国民が残った。

「常民」を鋳造した柳田國男は『青年と学問』のなかで、「人間の作った世の中には、善い事もあればその傍に悪い事もあり、愛と尊敬との隣同士に、憎悪闘諍が住んでいるかと思う理由を、青年の優しい心持をもって考えさせてみたい」（柳田 1976：68）とのべた。ここにも社会学に関連する使命が描かれている。

「少子化する高齢社会」研究と教育の傍ら参入した社会学的環境論を展開する過程で、全国の環境科学の専門家からのご支援がいただけた。また、日本社会学会や日本都市学会それに西日本社会学会や北海道社会学会などの大会で本書の一部を研究発表して、夾雑物を取り除いた本質にせまるために有効なご意見を頂戴した。

さらに、本書のまとめが進んでいた二〇一一年八月四日に行われた日本学術会議市民公開講演会「グリーンイノベーションと地域社会システム」、および八月九日に実施された日本保全学会主催・北海道大学シンポジウム「原子力発電所の震災対策と保全学から見た危機管理の在り方」でも、それぞれ発表する機会を得た。どちらの会場でも自然科学系専門家からの意見が寄せられ、論点が鮮明になった。

この六年間で、環境関連の論文をいくつかの雑誌に発表して、それらを基に新たに構想したのが本書である。この中で比較的原形をとどめているのは第五章であり、二〇〇九年五月刊行の「自治体の地球温暖化対策の諸問題」『日本都市学会年報 2008』（Vol. 42：50-58）を下敷きにしたが、それ以外の章は実質的には書き下ろしに近い。これは論点の重複を避け、問いを移動して、最新のデータを挿入する作業を繰り返したからである。

文字通りの手探りの最終段階で、本文でも触れた未曾有の東日本大震災が発生した。「コミュニティ社会学」の立場から「少子化する高齢社会」の研究をライフワークにしてきた私は、その災害研究の歴史に学び、二酸化炭素地球温暖化論とともに、自然再生エネルギー論を「防災コミュニティ」の観点でまとめることを課題とした。

漱石や柳田からも学んだ「人間が作った世の中」を知り、それを愛と尊敬が溢れる社会実現に向けての計画実践として試みることは、社会学者ならば一度は心がけたい思考パターンである。この冒険を快諾していただいたミネルヴァ書房に深く感謝したい。

《著者紹介》


金子　勇（かねこ・いさむ）

1949年　福岡県生まれ。

1977年　九州大学大学院文学研究科博士課程単位取得退学。

現　在　北海道大学大学院文学研究科教授。文学博士（九州大学，1993年）。

第1回日本計画行政学会賞（1989年），第14回日本都市学会賞（1994年）。

北海道大学研究成果評価「卓越した水準にある」SS 認定（社会貢献部門）（2010年）。

単　著　『コミュニティの社会理論』アカデミア出版会，1982年。

『高齢化の社会設計』アカデミア出版会，1984年。

『都市高齢社会と地域福祉』ミネルヴァ書房，1993年。

『高齢社会・何がどう変わるか』講談社，1995年。

『地域福祉社会学』ミネルヴァ書房，1997年。

『高齢社会とあなた』日本放送出版協会，1998年。

『社会学的創造力』ミネルヴァ書房，2000年。

『都市の少子社会』東京大学出版会，2003年。

『少子化する高齢社会』日本放送出版協会，2006年。

『社会調査から見た少子高齢社会』ミネルヴァ書房，2006年。

『格差不安時代のコミュニティ社会学』ミネルヴァ書房，2007年。

『社会分析——方法と展望』ミネルヴァ書房，2009年。

『吉田正——誰よりも君を愛す』ミネルヴァ書房，2010年。

『コミュニティの創造的探求』新曜社，2011年，ほか。



叢書・現代社会のフロンティア⑱
環境問題の知識社会学
——歪められた「常識」の克服——

2012年3月20日　初版第1刷発行　〈検印廃止〉

定価はカバーに
表示しています

著　者　金　子　　勇
発行者　杉　田　啓　三
印刷者　坂　本　喜　杏

発行所　株式会社　ミネルヴァ書房
〒607-8494　京都市山科区日ノ岡堤谷町1
電話代表　(075)581-5191番
振替口座　01020-0-8076番





冨山房インターナショナル・新生製本

ISBN 978-4-623-06248-5
Printed in Japan

# 人名索引

## あ 行



## か 行



## さ 行



## た 行



## は 行



## ま 行

## や　行



## ら　行



## わ　行

# 事項索引

## あ 行



## か 行

## さ　行

## た 行

## な　行



## は　行



## ま　行

# 参照文献


阿部絢子，2008，『すぐにできるエコ家事』集英社．

赤祖父俊一，2008，『正しく知る地球温暖化』誠文堂新光社．

————，2009，「炭酸ガスの地球温暖化説は誤り排出権取引は日本を衰退させる」『週刊ダイヤモンド』第97巻第30号：108-113．

秋元律郎，1982，「概説　現代都市と災害」秋元編『都市と災害』至文堂：5-20．

Ascher, W., Steelman, T., and Healy, R., 2010, *Knowledge and Environment Policy*, The MIT Press.

麻生内閣メールマガジン（2009年７月16日号）．

明日香壽川，2009，『地球温暖化』岩波書店．

新睦人，2003，「共生循環型社会の到来」『奈良女子大学社会学論集』：1-21．

————，2011，「社会システムの機能分析モデル群」（第62回関西社会学会大会配布資料）：1-10．

Barrow, 1998, *Impossibility: The Limits of Science and the Science of Limits,* Oxford University Press.（＝2000，松浦俊輔訳『科学にわからないことがある理由』青土社）．

Barton, A. H., 1969, *Communities in Disaster*, Doubleday & Company, Inc.（＝1974，安部北夫監訳『災害の行動科学』学陽書房）．

Beck, U., 1986, *Risikogesellschaft Auf dem Weg in eine andere Moderne,* Suhrkamp Verlag.（＝1998，東廉・伊藤美登里訳『危険社会——新しい近代への道』法政大学出版局）．

Bernard, C., 1865, *Introduction à L'étude de la Médicine Expérimentale.*（＝1970，三浦岱栄訳『実験医学序説』岩波書店）．

ボナンノ，2011，「日本人を襲う震災トラウマ」『Newsweek 日本版』第26巻16号，阪急コミュニケーションズ：22-23.

Boulding, K. E., 1978, *Ecodynamics: A New Theory of Societal Evolution*, Sage Publication.（＝1980，長尾史郎訳『地球社会はどこへ行く』（上・下）講談社）.

Broom, L., Selznick, P. and Broom, D., 1981, *Sociology: A Text with Adapted Readings, 7th ed.*, Harper & Row.（＝1987，今田高俊監訳『社会学』ハーベスト社）.

Cantle, T., 2005, *Community Cohesion*, Palgrave.

Comte. A., 1844, *Discours sur l'esprit positif.*（＝1980，霧生和夫訳「実証精神論」清水幾太郎編集『コント　スペンサー』中央公論社：147-233）.

Descartes, R,. 1637, *Discours de la Méthode.*（＝1997，谷川多佳子訳『方法序説』岩波書店）.

———, 1701, *Regulae ad directionem ingenii.*（＝1950，野田又夫訳『精神指導の規則』岩波書店）.

Durkheim, E., 1895, *Les Règles de la Méthode Sociologique*, P.U.F.（＝1978，宮島喬訳『社会学的方法の規準』岩波書店）.

Delort, R & Walter, F, 2001, *Histoire de l'environnement européen*, Presses Universitaires de France.（＝2007，桃木暁子・門脇仁訳『環境の歴史』みすず書房）.

Eckermann, 1836, *Gespräche mit Goethe in Der detzten Jahren Seines* Lebens.（＝1968-1969，山下肇訳『ゲーテとの対話』（上・中・下）岩波書店）.

藤田弘夫，1991，『都市と権力』創文社.

福武直・日高六郎・高橋徹編，1958，『社会学辞典』有斐閣.

船橋晴俊編，2011，『環境社会学』弘文堂.

フランス大使館，2011，『フランスの統計資料 2010年版』.

布施鉄二編，1982，『地域産業変動と階級・階層』御茶の水書房．

Graedel, T. E. & Crutzen, P. J., 1995, *Atmosphere, Climate, and Change*. W. H. Freeman and Company.（＝1997，松野太郎監訳『気候変動』日経サイエンス社）．

Hannigan, J. A., 1995, *Environmental Sociology, A Social Constructionist Perspective*, Routledge.（＝2007，松野弘監訳『環境社会学』ミネルヴァ書房）．

長谷川公一，2003，『環境運動と新しい公共圏』有斐閣．

———，2011a，『脱原子力社会の選択』（増補版）新曜社．

———，2011b，『脱原子力社会へ』岩波書店．

橋爪大三郎，2008，『「炭素会計」入門』洋泉社．

ヘボン，1886＝1980，『和英語林集成』丸善；講談社．

Huff, D., 1954, *How to Lie with Statistics*.（＝1968，高木秀玄訳『統計でウソをつく法』講談社）．

広瀬隆，2010，『二酸化炭素温暖化説の崩壊』集英社．

北海道大学大学院環境科学院編，2007，『地球温暖化の科学』北海道大学出版会．

北海道銀行編，2011，『調査ニュース』no. 322.

池田清彦，2006，『環境問題のウソ』筑摩書房．

石牟礼道子，1972，『苦海浄土』講談社．

伊藤公紀，2007，「『不都合な真実』の『不都合な真実』」武田邦彦ほか『暴走する「地球温暖化」論』文藝春秋：117-150.

———，2010a，「ホッケースティック曲線の何が間違いなのか」『現代化学』1月号：58-62.

———，2010b，「論争①「温暖化二酸化炭素犯人説を唱えるIPCCの信頼が揺らいでいる」『臨時増刊　エコノミスト』3月28日号：34-37.

伊藤公紀・渡辺正，2008，『地球温暖化論のウソとワナ』KKベストセラーズ．

伊藤茂ほか編，2011，『東日本大震災復興への提言』東京大学出版会.
Jacobs, J., 1961, *The Death and Life of Great American Cities*. Random House, Inc.（＝2010，山形浩生訳『アメリカ大都市の死と生』鹿島出版会）.
嘉田由紀子，2010，「私の視点　低炭素社会　新環境税で持続的発展を」『朝日新聞』12月1日.
金子勇，1982，『コミュニティの社会理論』アカデミア出版会.
————，1993，『都市高齢社会と地域福祉』ミネルヴァ書房.
————，1995，『高齢社会・何がどう変わるか』講談社.
————，1997，『地域福祉社会学』ミネルヴァ書房.
————，1998，『高齢社会とあなた——福祉資源をどうつくるか』日本放送出版協会.
————，2000，『社会学的創造力』ミネルヴァ書房.
————，2003，『都市の少子社会』東京大学出版会.
————，2006a，『少子化する高齢社会』日本放送出版協会.
————，2006b，『社会調査から見た少子高齢社会』ミネルヴァ書房.
————，2007，『格差不安時代のコミュニティ社会学』ミネルヴァ書房.
————，2008a，「社会変動の測定法と社会指標」金子勇・長谷川公一編『社会変動と社会学』ミネルヴァ書房：103-128.
————，2008b，「地球温暖化の知識社会学」『北海道大学文学研究科紀要』第125号：85-134.
————，2009a，『社会分析』ミネルヴァ書房.
————，2009b，「自治体の地球温暖化対策の諸問題」日本都市学会編『日本都市学会年報』第42号：50-58
————，2009c，「地球温暖化対策論の恣意性」中部大学総合学術研究所編『アリーナ』第7号：97-120
————，2010，「地球温暖化論と科学的予測の問題」『松山大学論集　千石好郎教授退職記念論集』第21巻第4号，松山大学学術研究所：

127-146.

————, 2011a,『コミュニティの創造的探求』新曜社.

————, 2011b,「郵便局の見えにくい社会貢献」JP 総合研究所編『JP 総研 Research』14：18-24.

金子哲士・柳澤大樹, 2008,「ゴア元副大統領と『原発利権』」『週刊朝日』（8 月15日号）: 22-26.

軽部征夫, 1993,「地球を再生するときがきている」『Newton 別冊　地球大異変』教育社：106-107.

環境庁, 1977,『昭和52年版　環境白書』環境庁.

環境省, 2007a,『平成19年版 環境循環型社会白書』環境省.

————, 2007b,『平成19年版　こども環境白書』環境省.

————, 2009,『平成21年版　環境循環型社会白書』環境省.

————, 2011,『平成23年版　環境社会白書』環境省.

経済産業省産業技術環境局研究開発課編, 2010,『グリーンイノベーション及びライフ・イノベーションのための先端革新技術の潮流（事例集)』.

Kelling, G. L. & Coles, C. M., 1996, *Fixing Broken Windows*, The Free Press.（=2004, 小宮信夫監訳『割れ窓理論による犯罪防止』文化書房博文社).

菊地昌典, 1983,「チッソ労働組合と水俣病」色川大吉編『水俣の啓示』（下）筑摩書房：271-333.

木本昌秀, 2008,「熱波, 豪雨, 干ばつ……地球温暖化が気象の極端化に与える影響は大」『日本の論点2008』文藝春秋：648-651.

北村美遵, 1992,『地球はほんとに危ないか？』光文社.

国立天文台編, 2010,『第84冊　理科年表　2011』丸善.

小松左京編, 1974,『地球が冷える異常気象』旭屋出版.

小室直樹, 1991,『危機の構造』中央公論社.

近藤豊, 2002,「オゾン層の破壊と地球」佐々木毅・金泰昌編『公共哲学

9　地球環境と公共性』東京大学出版会：135-153.
コープさっぽろ，2010，『エコのスイッチ』コープさっぽろ.
小柴正則，2011，「グリーンイノベーションが社会システムに問うもの」（日本学術会議北海道地区講演会資料，8月4日）.
Kuhn, T. S., 1962, *The Structure of Scientific Revolution*, The University of Chicago Press.（＝1971，中山茂訳『科学革命の構造』みすず書房）.
Lippmann, W., 1922, *Public Opinion*, The Macmillan Company.（＝1987，掛川トミ子訳『世論』（上・下），岩波書店）.
Lomborg, S., 2001, *The Skeptical Environmentalist: Measuring the Real State of the World*, Cambridge University Press.（＝2003，山形浩生訳『環境危機をあおってはいけない』文藝春秋）.
————，2007，*The Skeptical Environmentakist's Guide to Global Warming, Cyan*.（＝2008, 山形浩生訳『地球と一緒に頭も冷やせ！』ソフトバンククリエイティブ）.
Lynch, K, 1972, *What Time is This Place?* The MIT press.（＝1974，東京大学大谷研究室訳『時間の中の都市』鹿島出版会）.
Lynd, R. S. & Lynd, H. M., 1929, 1937, *Middletown: a Study in Contemporary American Culture. Middletown in Transition: a Study in Cultural Conflicts*. Harcourt, Brace & World, Inc.（＝1990，中村八朗訳『ミドゥルタウン』青木書店）.
MacIver, R. M., 1917, *Community*, Macmillan and Co., Limited.（＝1975，中久郎・松本道晴監訳『コミュニティ』ミネルヴァ書房）.
————，*The Elements of Social Science*, 1949, Methuen & Co. Ltd.（＝1957，菊池綾子訳『社会学講義』社会思想研究会出版部）.
MacIver, R. M. & Page, C. H., 1974, *Society: An Introductory Analysis*, Macmillan.
真木太一，2010，「黄砂——地球規模の輸送」国立天文台編『第84冊　理科年表　2011』丸善：1015.

Mannheim, K., 1931, 'Wissenssoziologie', Vierkandt, A., (ed.) *Handwörterbuch der Soziologie, Stuttgart.* (＝1973, 秋元律郎訳「知識社会学」秋元律郎・田中清助訳『マンハイム　シェーラー　知識社会学』青木書店：151-204).

———, 1935, *Mensch und Gesellschaft im Zeitalter des Umbaus.* (＝1976, 杉之原寿一訳『変革期における人間と社会』潮出版社).

———, (eds. by Gerth, H. and Bramstedt, E. K.), 1950, *Freedom, Power, and Democratic Planning,* Oxford University Press. (＝1976, 田野崎昭夫訳『自由・権力・民主的計画』潮出版社).

丸山茂徳, 2008,『「地球温暖化」論に騙されるな！』講談社.

Maslin, M, 2009, *Global Warming,* Oxford University Press.

増田耕一, 2010,「地球温暖化の考え方」『化学』Vol. 65, No. 6：38-43.

Merton, R. K, 1957, *Social Theory and Social Structure,* The Free Press. (＝1961, 森東吾ほか訳『社会理論と社会構造』みすず書房).

三重野卓, 2010,『福祉政策の社会学』ミネルヴァ書房.

御園生誠, 2008,『温暖化と資源問題の現実的解法』丸善.

三菱総合研究所編, 2008,『排出量取引入門』日本経済新聞出版社.

宮本憲一, 1980,『都市経済論』筑摩書房.

Montaigne, M., 1580-1588, *Les Essais de Michel de Montaigne.* (＝1966-1968, 原二郎訳『モンテーニュ』(Ⅰ・Ⅱ) 筑摩書房).

諸富徹・浅岡美恵, 2010,『低炭素経済への道』岩波書店.

Mosher, S. & Fuller, T., 2010, *Climategate-CRUtape Letters.* Createspace. (＝2010, 渡辺正訳『地球温暖化スキャンダル』日本評論社).

村上泰亮, 1975,『産業社会の病理』中央公論社.

内閣府, 2011,『平成23年版　高齢社会白書』.

根本順吉, 1981,『冷えていく地球』角川書店.

———, 1989,『熱くなる地球』ネスコ.

Newton 編集部, 1993,『Newton 別冊　地球大異変』教育社.

――――, 2010,『Newton 別冊 地球温暖化特集　改訂版』ニュートンプレス.
夏目漱石, 1929＝1990,『草枕』岩波書店.
ニューズウィーク編集部, 2009,『ニューズウィーク』9月2日号, 阪急コミュニケーションズ.
西岡秀三, 1993,「ふえつづける $CO_2$」『Newton 別冊　地球大異変』教育社：96-97.
――――, 2011,『低炭素社会のデザイン』岩波書店.
似田貝香門編, 2008,『自立支援の実践知』東信堂.
野村浩二, 2010,「GDP マイナス」『臨時増刊　エコノミスト』3月28日号：8-13.
小田切尚登, 2010,「地球温暖化問題――海外ではどう語られているか」『臨時増刊　エコノミスト』3月28日号：42-45.
荻野喜弘, 1993,『筑豊炭鉱労使関係史』九州大学出版会.
大塚俊和, 2010,「経営戦略」『臨時増刊　エコノミスト』3月28日号：18-20.
大槻文彦, 1932,『大言海』冨山房.
大矢根淳ほか編, 2007,『災害社会学入門』弘文堂.
折茂賢一郎, 2011,「東日本大震災の支援を通して介護支援専門員に期待すること」『達人ケアマネ』第5巻第6号：59-65.
Ortega y Gasset, J., 1930, *La Rebelión de las Masas*.（＝1967, 神吉敬三訳『大衆の反逆』角川書店）（＝1979, 寺田和夫訳「大衆の反逆」高橋徹編『マンハイム　オルテガ』中央公論社）.
パチャウリ, ラジェンドラ・原沢英夫, 2008,『地球温暖化 IPCC からの警告』日本放送出版協会.
Parsons, T., 倉田和四生編訳, 1984,『社会システムの構造と変化』創文社.
Parsons, T., 1951, *The Social System*, The Free Press.（＝1974, 佐藤勉訳『社会体系論』青木書店）.

———, 1978, *Action Theory and the Human Condition*, The Free Press.（=2002, 富永健一ほか訳『人間の条件パラダイム』勁草書房）.

Poincaré, H., 1905, *La Valeur de la Science*.（=1977, 吉田洋一訳『科学の価値』岩波書店）.

———, 1908, *Science et Méthode*.（=1953, 吉田洋一訳『科学と方法』岩波書店）.

Prigogine, I. & Stengers, I., 1984, *Order out of Chaos*, Bantam Books.（=1987, 伏見康治ほか訳『混沌からの秩序』みすず書房）.

Raphael, B., 1986, *When Disaster Strikes*, Basic Books, Inc.（=1995, 石丸正訳『災害の襲うとき』みすず書房）.

Rogers, R. & Gumuchdjian, P., 1997, *Cities for a Small Planet*, Faber and Faber Limited.（=2002, 野城智也ほか訳『都市——この小さな惑星の』鹿島出版会）.

Rogers, R. & Power, A., 2000, *Cities for a Small Country*, Faber and Faber Limited.（=2004, 太田浩史ほか訳『都市——この小さな国の』鹿島出版会）.

Roucek, J. S. & Warren, R. L., 1957, *Sociology: An Introduction*, Adams & Co.（=1962, 橋本真・野崎治男訳『社会学入門』ミネルヴァ書房）.

斎藤秀三郎, 1952,『熟語本位英和中辞典』（新増補版）岩波書店.

———, 1928=1999,『和英大辞典』日英社；日外アソシエーツ新版.

澤昭裕, 2010,『エコ亡国論』新潮社.

佐和隆光, 1997,『地球温暖化を防ぐ』岩波書店.

———, 2011,「停電か節電か」『京都新聞』4月23日.

Schnaiberg, A., & Gould, K. A., 1994, *Environment and Society*, St. Martin's Press.（=1999, 満田久義ほか訳『環境と社会』ミネルヴァ書房）.

Seeman, M., 1959, "On the Meaning of Alienation," *American Sociological Review* Vol. 24, No. 6 : 783-791.

清水幾太郎，1950『社会学講義』岩波書店.
————，1951，『市民社会』創元社.
————，1954，『社会学ノート』河出書房.
————，1958，『現代知性全集14　清水幾太郎』日本書房.
新明正道，1944＝2009，『社会学辞典』河出書房；時潮社新版.
庄司光・宮本憲一，1964，『恐るべき公害』岩波書店.
————，1975，『日本の公害』岩波書店.
Singer, S. F., & Avery, D. T., 2007, *Unstoppable Global Warming: Every 1,500 Years*, Rowman & Littelfield Publishing Group Inc.（＝2008，山形浩生・守岡桜訳『地球温暖化は止まらない』東洋経済新報社）.
週刊現代編集部，2009，『週刊現代』8月15日号.
週刊エコノミスト編集部，2010，『臨時増刊　二酸化炭素削減　経済ショック』3月28日号.
Solnit, R., 2009, *A Paradise Built in Hell, The Extraordinary Communities that Arise in Disaster*.（＝2010，高月園子訳『災害ユートピア』亜紀書房）.
Sorokin, P. A., 1942, *Man and Society in Calamity*, Dutton.（＝1998，大矢根淳訳『災害における人と社会』文化書房博文社）.
Stark, W., 1958, *The Sociology of Knowledge*, Routledge & Kegan Paul.（＝1960，杉山忠平訳『知識社会学』ミネルヴァ書房）.
末吉竹二郎，2008，「国民参加による新しい運動を」『世界』No. 781：164-169.
住明正，2007，『さらに進む地球温暖化』ウェッジ.
隅谷三喜男，1968，『日本石炭産業分析』岩波書店.
Sutton, P. W., 2007, *The Environment: A Sociological Introduction*, Polity Press.
高橋浩一郎・岡本和人編著，1987，『21世紀の地球環境』日本放送出版協会.

宝島編集部編，2008，『別冊宝島1507 「温暖化」を食いものにする人々』宝島社．

高田保馬，1925＝1948＝2003，『階級及第三史観』ミネルヴァ書房．

武田邦彦，2008，『偽善エコロジー』幻冬社．

————，2010，「騙される日本人騙すアメリカ人」（1-20）『長周新聞』9月22日～11月15日．

————ほか，2007，『暴走する「地球温暖化」論』文藝春秋．

————監修，2008，『図説　誰も触れない「環境問題」のウソ』ダイアプレス．

竹内均，2001，『地球を考える本』ニュートンプレス．

Taubes, G., 1993, *Bad Science*, The Random House.（＝1993，渡辺正訳『常温核融合スキャンダル』朝日新聞社）．

The Impact Team, 1977, *The Weather Conspiracy*, Herson House Publishing Limited.（＝1983，日下実男訳『気象の陰謀』早川書房）．

Toffler, A., 1980, *The Third Wave*, William Morrow & Company, Inc.（＝1982，徳岡孝夫監訳『第三の波』中央公論社）．

富永健一，1986，『社会学原理』岩波書店．

————，1997，『環境と情報の社会学』日科技連．

槌田敦，2007，『環境保護運動はどこが間違っているのか？』宝島社．

宇井純，1968，『公害の政治学』三省堂．

————，2002，「“公害”と公共性」佐々木毅・金泰昌編『公共哲学9　地球環境と公共性』東京大学出版会：113-121．

浦野正樹ほか編，2007，『復興コミュニティ論入門』弘文堂．

宇沢弘文，1977，『近代経済学の再検討』岩波書店．

————，1995，『地球温暖化を考える』岩波書店．

————，2002，「地球温暖化と倫理」佐々木毅・金泰昌編『公共哲学9　地球環境と公共性』東京大学出版会：33-46．

————，2008a，「地球温暖化と持続可能な経済発展」『環境経済・政策

研究』Vol. 1, No. 1：3-14.

————, 2008b,「地球温暖化への経済学的解答」『中央公論』第123巻第7号：100-107.

Vaillant, G., 2002, *Ageing Well*, Scribe Publications.

Warren, R. L., 1972, *The Community in America* (2nd.), Rand McNally & Company.

渡辺正, 2010a,「Climategate 事件——地球温暖化説のねつ造疑惑」『化学』Vol. 65, No. 3：19-24.

————, 2010b,「続・Climategate 事件——崩れいく IPCC の温暖化神話」『化学』Vol. 65, No. 5：66-71.

————, 2010c,「地球温暖化詐欺」(上下)『長周新聞』9月3日, 6日.

————, 2011,「茶番劇 "地球温暖化" の幕を引け」『長周新聞』1月1日.

————訳, 2011,「環境」『ブリタニカ国際年鑑』ブリタニカ・ジャパン：201-205.

渡辺正・山形浩生, 2007,「"木を見て森を見ず" の環境危機論」武田邦彦ほか『暴走する「地球温暖化」論』文藝春秋：153-178.

Weart, S. R., 2003, *The Discovery of Global Warming*, Harvard University Press.(=2005, 増田耕一・熊井ひろみ共訳『温暖化の〈発見〉とは何か』みすず書房).

Weber, M., 1919, *Wissenschaft als Beruf*.(=1980, 尾高邦雄訳『職業としての学問』岩波書店).

————, 1921, *Polotik als Beruf*.(=1962, 清水幾太郎・清水礼子訳「職業としての政治」『世界思想教養全集18　ウェーバーの思想』河出書房新社：171-227).

薬師院仁志, 2002,『地球温暖化論への挑戦』八千代出版.

————, 2007,「科学を悪魔祓いする恐怖政治」武田邦彦ほか『暴走する「地球温暖化」論』文藝春秋：3-98.

山中康裕，2008，「地球温暖化を防ぐために何ができるのか」『北海道からみる地球温暖化』岩波書店：44-65.

山下祐介，2008，『リスク・コミュニティ論』弘文堂.

柳田國男，1976，『青年と学問』岩波書店.

――――，1990，『柳田國男全集28』筑摩書房.

矢野恒太記念会編，2000，『日本国勢図会　第58版』同会.

――――，2007，『日本国勢図会　第65版』同会.

――――，2009，『日本国勢図会　第67版』同会.

――――，2010，『世界国勢図会　第21版』同会.

――――，2011，『日本国勢図会　第69版』同会.

米本昌平，1994，『地球環境問題とは何か』岩波書店.

吉田文和，2011，『グリーン・エコノミー』中央公論新社.

吉原直樹，2011，『コミュニティ・スタディーズ』作品社.

――――編，2008，『防災の社会学』東信堂.

全国知事会，2009，『優秀政策事例集』同知事会.

――――，2010，『「この国のあり方」について』同知事会.

全国知事会，2011，『社会保障制度改革と地方の役割』同知事会.

Zastrow, C. H. & Kirst-Ashman, K. K., 2010, *Understanding Human Behavior and the Social Environment* ($8^{th}$ ed.) Brooks/cole.